智能制造领域高素质技术技能型人才培养方案教材
高等职业教育机电一体化及电气自动化技术专业教材

西门子S7-1200 PLC 设计与应用

主　编◎李可成　杨　铨　全鸿伟

主　审◎叶远坚　谢祥强

副主编◎李　军　梁洸强　孙承练　李兼伐　鲁珊珊

参　编◎何仕剑　梁倍源　林伟雄

U0343118

华中科技大学出版社
http://www.hustp.com
中国·武汉

内 容 简 介

本书分为五个项目:认识西门子 S7-1200 PLC,西门子 S7-1200 PLC 的简单应用,西门子 S7-1200 PLC 的进阶应用,西门子 S7-1200 PLC 的高级应用,西门子 S7-1200PLC 的综合应用。其中,前三个项目包含对西门子 PLC 的认识、博途编程软件的使用、西门子 S7-1200 PLC 基本指令的使用、西门子 S7-1200 PLC 高级指令的使用、常见传感器的使用。第四个项目包含控制步进电动机、PID 控制、以太网通信技术。第五个项目以世界技能大赛机电一体化项目指定设备——德国 Festo 公司生产的 MPS 为对象,采用项目引领、任务驱动的模式编写而成。全书以任务的完整性取代学科知识的系统性,凸显工程项目的职业特性。

本书适合作为职业院校机电一体化技术专业、电气自动化技术专业、工业机器人应用技术专业等专业课程教材,也可作为职业技能竞赛培训教材。

图书在版编目(CIP)数据

西门子 S7-1200 PLC 设计与应用/李可成,杨铨,全鸿伟主编.—武汉:华中科技大学出版社,2020.6(2023.1重印)
ISBN 978-7-5680-6263-3

Ⅰ.①西… Ⅱ.①李… ②杨… ③全… Ⅲ.①PLC 技术 Ⅳ.①TM571.6

中国版本图书馆 CIP 数据核字(2020)第 116430 号

西门子 S7-1200 PLC 设计与应用　　　　　　　　　　　李可成　杨　铨　全鸿伟　主编
Ximenzi S7-1200 PLC Sheji yu Yingyong

策划编辑:张　毅
责任编辑:刘　静
责任监印:朱　玢
出版发行:华中科技大学出版社(中国·武汉)　　电话:(027)81321913
　　　　　武汉市东湖新技术开发区华工科技园　　邮编:430223
录　　排:武汉正风天下文化发展有限公司
印　　刷:武汉市籍缘印刷厂
开　　本:787mm×1092mm　1/16
印　　张:14.5
字　　数:362 千字
版　　次:2023 年 1 月第 1 版第 4 次印刷
定　　价:45.00 元

西门子 S7-1200 PLC 具有模块化设计、结构紧凑、功能齐全、易于使用等特点,适用于多种应用场合。由于设计中可灵活扩展,具有符合工业通信最高标准的以太网接口和全面的集成工艺功能,因此西门子 S7-1200 PLC 可作为中小型电气自动化控制系统的控制器。

本书遵循"以就业为导向,以职业能力为本位"的教育理念,基于职业教育的特征,根据职业能力培养的要求,引入项目化教学的模式,打破以学科体系对知识内容的系统化,坚持"以用促学"的指导思想。全书以"任务驱动"为主线,以真实的工程项目为载体,按照工作流程对知识和技能进行重构和优化,把教学内容巧妙地融入其中,知识目标与能力目标随着工作任务的需要来设计。全书不详细介绍元器件的工作原理、PLC 功能指令集成的算法,只强调怎么做,符合职业院校的教学需求,且以任务的完整性取代学科知识的系统性,凸显出课程的职业特征。

本书共设 27 个学习任务,分为 5 大项目。项目 1"认识西门子 S7-1200 PLC"简要介绍了西门子 S7-1200 PLC 的硬件和博途软件;项目 2"西门子 S7-1200 PLC 的简单应用"通过 6 个任务介绍了如何使用 PLC 改造典型继电器-接触器控制线路,以及常见传感器的使用;项目 3"西门子 S7-1200 PLC 的进阶应用"介绍了西门子 S7-1200 PLC 支持的数据类型、FC 和 FB 以及功能指令的使用;项目 4"西门子 S7-1200 PLC 的高级应用"介绍了步进电动机、直流电动机的 PID 控制,恒压液位 PID 控制,以及如何实现西门子 S7-1200 PLC 以太网通信;项目 5"西门子 S7-1200 PLC 的综合应用"综合使用前面所学的知识与技能,以供料单元、检测单元、提取单元、分拣单元为对象,培养学生操作、维护、维修、升级改造机电一体化设备的能力。

每个学习任务主要包括任务描述、任务目标、任务实施等环节,全书内容的编排逻辑性强,符合学生的认知规律,由浅入深,图文并茂,通俗易懂,可实施性强。

本书由广西工业职业技术学院李可成、杨铨和广西水利电力职业技术学院全鸿伟担任主编,由南宁职业技术学院叶远坚和广西电力职业技术学院谢祥强担任主审,由广西工业技师学院李军、广西水利电力职业技术学院梁洪强、广西工业技师学院孙承练、广西水利电力职业技术学院李兼伐、内蒙古机电职业技术学院鲁珊珊担任副主编,广西工业技师学院何仕剑、广西工业职业技术学院梁倍源和广西工业技师学院林伟雄参与部分内容的编写工作。本书的编写和出版得到了各参与院校的大力支持,在此表示衷心的感谢!

由于时间仓促和编者水平有限,书中难免存在不足之处,恳请读者批评指正,如有建议或意见,请发邮件至 84845197@qq.com。

编　者
2020 年 3 月

认识西门子 S7-1200 PLC

◀ 任务 1.1　认识西门子 PLC 家族 ▶

【任务描述】

可编程逻辑控制器在自动化行业中得到广泛的应用,西门子公司在自动化行业中一次又一次的发展更将控制器技术产品推向高峰。PLC 的发展日新月异,本任务主要讲述西门子 PLC 家族。

请你和组员一起认真阅读课本并查阅相关资料,熟知控制器技术的发展及每一款 PLC 的规格和型号。

【任务目标】

知识目标:

(1)了解 PLC 发展的历史。

(2)熟悉每一款 PLC 的产品定位与特点。

能力目标:

(1)通过查阅资料,对西门子 PLC 的发展史有一定的了解。

(2)通过学习本任务,能够熟悉每一款 PLC 产品。

素质目标:

(1)养成按国家标准或行业标准从事专业技术活动的职业习惯。

(2)提升学生综合运用专业知识的能力,培养学生精益求精的工匠精神。

(3)培养学生的团队协作能力和沟通能力。

【任务实施】

西门子 PLC 系列是一个完整的产品组合,从高性能的可编程逻辑控制器到基于 PC 的控制器,每款 PLC 都能满足具体应用需求及预算。西门子 SIMATIC 系列产品定位如图 1-1-1 所示。

这里主要介绍西门子 PLC 家族的主要产品,即对西门子 S7-200 系列 PLC、西门子 S7-1200 系列 PLC、西门子 S7-300 系列 PLC、西门子 S7-400 系列 PLC 进行介绍。

一、西门子 S7-200 系列 PLC

西门子 S7-200 系列 PLC 是小型 PLC,主要由中央处理单元(CPU)、扩展单元和通信单元等组成。西门子 S7-200 系列 PLC CPU 选型表如表 1-1-1 所示。

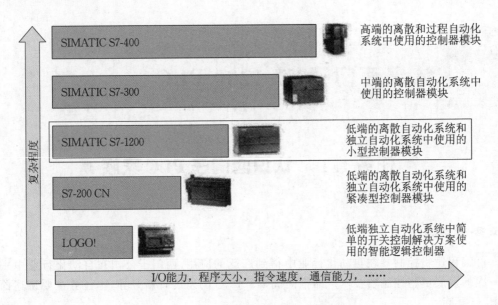

图 1-1-1　西门子 SIMATIC 系列产品定位

表 1-1-1　西门子 S7-200 系列 PLC CPU 选型表

规格/型号	CPU
DC/DC/DC；6 点输入/4 点输出，共 10 个数字量 I/O 点	CPU 221
AC/DC/继电器；6 点输入/4 点输出，共 10 个数字量 I/O 点	
DC/DC/DC；8 点输入/6 点输出，共 14 个数字量 I/O 点	CPU 222
AC/DC/继电器；8 点输入/6 点输出，共 14 个数字量 I/O 点	
DC/DC/DC；14 点输入/10 点输出，共 24 个数字量 I/O 点	CPU 224
AC/DC/继电器；14 点输入/10 点输出，共 24 个数字量 I/O 点	
DC/DC/DC；14 点输入/10 点输出，共 24 个数字量 I/O 点； 2 点输入/1 点输出，共 3 个模拟量 I/O 点	CPU 224XP
AC/DC/继电器；14 点输入/10 点输出，共 24 个数字量 I/O 点； 2 点输入/1 点输出，共 3 个模拟量 I/O 点	
DC/DC/DC；24 点输入/16 点晶体管输出，共 40 个数字量 I/O 点	CPU 226
AC/DC/继电器；24 点输入/16 点输出，共 40 个数字量 I/O 点	
DC/DC/DC；24 点输入/16 点晶体管输出，共 40 个数字量 I/O 点	CPU 226XM
AC/DC/继电器；24 点输入/16 点输出，共 40 个数字量 I/O 点	

二、西门子 S7-1200 系列 PLC

　　西门子 S7-1200 系列 PLC 也是小型 PLC，目前已经广泛应用于自动化设备中，在逐步替代西门子 S7-200 系列 PLC。西门子 S7-1200 系列 PLC 主要由中央处理单元（即 CPU）、I/O 单元和通信模块等组成。该系列 PLC 中的 I/O 单元是比较健全的。西门子 S7-1200 系列 PLC 如表 1-1-2 所示。

表 1-1-2　西门子 S7-1200 系列 PLC

型号		CPU 1211C	CPU 1212C	CPU 1214C	CPU 1215C	CPU 1217C
外观						
3CPUs		DC/DC/DC，AC/DC/RLY，DC/DC/RLY				DC/DC/DC
物理尺寸/ mm×mm×mm		90×100×75		110×100×75	130×100×75	150×100×75
用户 存储器	工作	50 KB	75 KB	100 KB	125 KB	150 KB
	负载	1 MB		4 MB		
	保持性	10 KB				
本地板 载 I/O	数字量	6 点输入/4 点输出	8 点输入/6 点输出	14 点输入/10 点输出		
	模拟量	2 路输入		2 点输入/2 点输出		
过程映 像大小	输入(I)	1 024 个字节				
	输出(Q)	1 024 个字节				
位存储器(M)		4 096 个字节		8 192 个字节		
信号模块(SM)扩展		无	2	8		
信号板(SB)、电池板 (BB)或通信板(CB)		1				
最大本地 I/O 数字量		14	82	284		
最大本地 I/O 模拟量		3	19	67	69	
通信模块(CM)		3（左侧扩展）				
高速 计数器	总计	最多可组态 6 个使用任意内置或 SB 输入的高速计数器				
	1 MHz	—				lb.2 到 lb.5
	100/80 kHz[a]	lb.0 到 lb.5				
	30/20 kHz[a]	—	lb.6 到 lb.7	lb.6 到 lb.5		lb.6 到 lb.1
	200 kHz[b]	—				
脉冲输出[c]		最多 4 路，CPU 本体输出 100 kz，通过信号板可输出 200 kHz(CPU 1217C 最多支持 1 MHz)				
存储卡		SMATIC 有存储卡（选件）				
实时时钟保持时间		通常为 20 天，40 ℃时最少 12 天				
PROFINET		1 个以太网通信端口，支持 PROFINET 通信			2 个以太网端口，支持 PROFINET 通信	
实数数学运算 执行速度		2.3 μs/指令				
布尔运算执行速度		0.08 μs/指令				

注：a 将 HSC 组态为正交工作模式时，可应用较慢的速度。

　　b 与 SB 1221 DI x 24 VDC 200 kHz 和 SB 1221 DI 4 x 5 VDC 200 kHz 一起使用时最高可达 200 kHz。

　　c 对于具有继电器输出的 CPU 模块，必须安装数字量信号板（SB）才能使用脉冲输出。

三、西门子 S7-300 系列 PLC

西门子 S7-300 系列 PLC 是中大型 PLC。该系列 PLC 中通信模块的种类也非常丰富。另外,该系列 PLC 支持各种远程 I/O 扩展方式,如 PROFIBUS-DP、PROFINET 等网络远程 I/O 站点。西门子 S7-300 系列 PLC CPU 型号如表 1-1-3 所示。

表 1-1-3 西门子 S7-300 系列 PLC CPU 选型表

系列分类	CPU	订货号(2011 年 3 月份)	CPU 自带通信口说明
标准型 CPU	CPU 312	6ES7 312-1AE14-0AB0	第一接口:MPI
	CPU 314	6ES7 314-1AG14-0AB0	
	CPU 315-2DP	6ES7 315-2AH14-0AB0	第一接口:MPI 第二接口:DP
	CPU 315-2PN/DP	6ES7 315-2EH14-0AB0	第一接口:可以设置为 MPI 或 DP 第二接口:PROFINET
	CPU 317-2DP	6ES7 317-2AK14-0AB0	第一接口:可以设置为 MPI 或 DP 第二接口:DP
	CPU 317-2PN/DP	6ES7 317-2EK14-0AB0	第一接口:可以设置为 MPI 或 DP 第二接口:PROFINET
	CPU 319-2PN/DP	6ES7 318-3EL01-0AB0	第一接口:可以设置为 MPI 或 DP 第二接口:DP 第三接口:PROFINET
带集成 I/O 的 CPU	CPU 312C	6ES7 312-5BF04-0AB0	第一接口:MPI
	CPU 313C	6ES7 313-5BG04-0AB0	
	CPU 313C-2PtP	6ES7 313-6BG04-0AB0	第一接口:MPI 第二接口:RS-422/485
	CPU 313C-2DP	6ES7 313-6CG04-0AB0	第一接口:MPI 第二接口:DP
	CPU 314C-2PtP	6ES7 314-6BH04-0AB0	第一接口:MPI 第二接口:RS-422/485
	CPU 314C-2DP	6ES7 314-6CH04-0AB0	第一接口:MPI 第二接口:DP
	CPU 314C-2PN/DP	6ES7 314-6EH04-0AB0	第一接口:可以设置为 MPI 或 DP 第二接口:PROFINET
故障安全型 CPU	CPU 315F-2DP	6ES7 315-2FJ14-0AB0	第一接口:MPI 第二接口:DP
	CPU 315F-2PN/DP	6ES7 315-6FF14-0AB0	第一接口:可以设置为 MPI 或 DP 第二接口:PROFINET
	CPU 317F-2DP	6ES7 317-6FF14-0AB0	第一接口:可以设置为 MPI 或 DP 第二接口:DP

系列分类	CPU	订货号(2011 年 3 月份)	CPU 自带通信口说明
故障安全型 CPU	CPU 317F-2PN/DP	6ES7 317-2FK14-0AB	第一接口:可以设置为 MPI 或 DP 第二接口:PROFINET
	CPU 319F-3 PN/DP	6ES7 318-3FL01-0AB0	第一接口:可以设置为 MPI 或 DP 第二接口:DP 第三接口:PROFINET
工艺型 CPU	CPU 315T-2DP	6ES7 315-6TH13-0AB0	第一接口:可以设置为 MPI
	CPU 317T-2DP	6ES7 317-6TK13-0AB0	
带故障安全的工业型 CPU	CPU 317TF-2DP	6ES7 317-6TF14-0AB0	第二接口:适用于运动控制

四、西门子 S7-400 系列 PLC

西门子 S7-400 系列 PLC 是大型 PLC。该系列 PLC 是在西门子 S7-300 系列 PLC 的基础上设计的,所用中央处理单元(即 CPU)主要包括 CPU 412、CPU 413、CPU 414、CPU 415、CPU 416、CPU 417 等。该系列 PLC 各种 I/O 模块非常健全,通信模块的种类非常丰富。目前西门子 S7-400 系列 PLC 的工作内存最大为 30 MB。该系列 PLC 可以在各种大型控制系统中使用。另外,该系列 PLC 还可以作为西门子 DCS 系统的 CPU 使用。

西门子 S7-400 系列 PLC 采用模块化设计,能够和其他的模块灵活组合。该系列 PLC 包含中央处理单元、通信单元、信号板单元、功能单元、接口单元等,具备极高的处理速度和强大的通信性能,而且功能非常强大。

【扩展提高】

(1) 西门子 PLC 系列产品主要包含_____、_____、_____、_____。

(2) 控制器 CPU 1212C DC/DC/DC 中,第一个 DC 表示_____、第二个 DC 表示_____、第三个 DC 表示_____。

(3) 西门子 S7-1200 PLC CPU 1215C 包含_____点输入、_____点输出、_____路输入和输出,信号模块扩展最多可以达到_____个,_____个以太网端口同时支持 PROFINET 通信。

◀ 任务 1.2 认识西门子 S7-1200 PLC 的硬件结构 ▶

【任务描述】

西门子 S7-1200 PLC 包括 CPU 模块、I/O 模块以及各种其他功能模块。西门子 S7-1200 PLC 集成有灵活的通信模块,设计较小,可以充分实现与其他控制器和触摸屏、软件的无缝连接,充分满足中小型自动化系统的需求。西门子 S7-1200 PLC 的问世,代表了未来控制器的发展方向,拓展了西门子系列产品。

请你和组员一起认真查阅相关资料,熟知西门子 S7-1200 PLC 的硬件结构。

【任务目标】

知识目标:

(1)了解西门子 S7-1200 PLC 的硬件结构。

(2)熟悉西门子 S7-1200 PLC 各组成部分。

能力目标:

(1)通过查阅资料,了解西门子 S7-1200 PLC 的硬件结构。

(2)通过对本任务的学习,能够熟悉西门子 S7-1200 PLC 的硬件接线。

素质目标:

(1)养成按国家标准或行业标准从事专业技术活动的职业习惯。

(2)提升学生综合运用专业知识的能力,培养学生精益求精的工匠精神。

(3)培养学生的团队协作能力和沟通能力。

【任务实施】

一、西门子 S7-1200 PLC 的硬件结构

西门子 S7-1200 PLC 实物图如图 1-2-1 所示。西门子 S7-1200 PLC 由 CPU 模块、输入/输出模块、存储器模块、编程装置、电源和外围接口等组成,如图 1-2-2 所示。

(a)

图 1-2-1 西门子 S7-1200 PLC 实物图

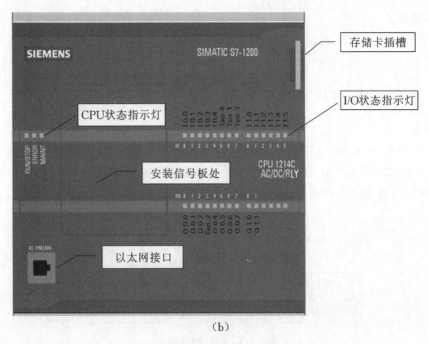

（b）

续图 1-2-1

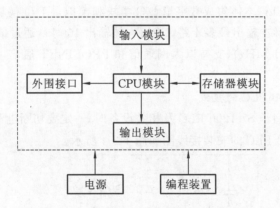

图 1-2-2 西门子 S7-1200 PLC 的硬件结构

1. CPU 模块

中央处理器（CPU）是 PLC 的核心，主要由运算器、控制器、寄存器、地址总线和数据总线组成，能够读取 PLC 指令并执行命令。CPU 运算器拥有逻辑运算功能，在 CPU 控制器指令的命令下可以执行各种运算，同时将 PLC 中的运算结果存储到寄存器中。

2. 输入/输出模块

输入/输出模块也称控制模块，用于与 CPU 控制器通信，当输入信号接通时，输入/输出模块可控制输出实现控制的信号。当 PLC 与外部设备相接时，输入/输出模块可触发外部设备。输入/输出模块需定期进行维护清理，以保证系统正常运行。

3. 存储器模块

PLC 存储器包含随机存储器（RAM）、只读存储器（ROM）和电擦除可编程只读存储器（E2PROM），在程序编程和存储中起着十分重要的作用。

4．编程装置

西门子 S7-1200 PLC 通过博途 TIA Portal 软件编程，所编程序通过以太网等方式下载至 PLC 中。

二、西门子 S7-1200 PLC 介绍

1．简述

西门子 S7-1200 系列产品丰富，各款 PLC 供电电源和输入/输入类型不尽相同。例如，采用 CPU 1212C DC/DC/RLY 的西门子 S7-1200 PLC，电源为直流电 24 V，输出信号为直流 24 V，输出类型为继电器输出。PLC 型号详解如图 1-2-3 所示。

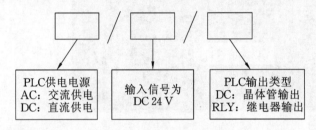

图 1-2-3　PLC 型号详解

西门子 S7-1200 PLC 本体集成数字量 I/O 模块和模拟量 I/O 模块，拥有多路的高速计数器，通信模块较多，脉冲输出最多 4 路，CPU 本体输出 100 kz，通过信号板可输出 200 kHz（CPU 1217 最多支持 1 MHz），支持以太网通信和 PROFINET 通信，实数数学运算执行速度可达微妙级。

2．西门子 S7-1200 PLC 的接线

在安装和移动西门子 S7-1200 PLC 及相关设备时，一定要切断电源，以保证人身及设备安全。西门子 S7-1200 PLC 的安装接线图如图 1-2-4 所示。

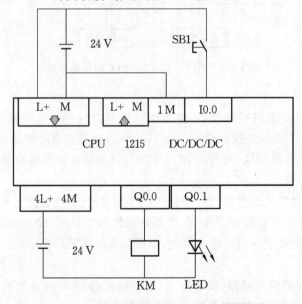

图 1-2-4　西门子 S7-1200 PLC 的安装接线图

西门子 S7-1200 PLC 的安装接线应注意以下事项。

(1) 采用截面积为 0.50 ~1.50 mm² 的连接导线。

(2) 每根连接导线的连接距离尽量短。

(3) 将交流线和直流开关电源隔开,防止发生干扰。

(4) 针对闪电式浪涌,安装合适的浪涌抑制设备。

(5) 外部设备尽量由开关电源供电,切勿使外部设备和 PLC 共用电源。

(6) 在现场接地时,一定要注意接地的安全性,并且要正确地操作隔离保护设备。

【扩展提高】

(1) 西门子 S7-1200 PLC 由 _____、_____、_____、编程装置、电源和外围接口等组成。

(2) CPU 1212C DC/DC/DC 中,第一个 DC 表示 _____、第二个 DC 表示 _____、第三个 DC 表示 _____。

(3) PLC 存储器包含随机存储器 _____、只读存储器 _____ 和电擦除可编程只读存储器 _____。

◀ 任务 1.3　安装博途 TIA 软件 ▶

【任务描述】

根据操作步骤在计算机上完成 TIA Portal V15 软件的安装,并使用 PLC 制作点动控制三相异步电动机系统。控制要求如下。

(1) 按下按钮 SB1,电动机运行,指示灯 LED 亮。

(2) 松开按钮 SB1,电动机停止,指示灯 LED 灭。

请你和组员一起完成软件的安装,针对控制要求编写 PLC 程序,下载并调试 PLC 程序。

【任务目标】

知识目标:

(1) 了解对软件安装的要求。

(2) 掌握 TIA Portal V15 软件的基本编程、下载与调试方法。

能力目标:

(1) 通过查阅资料,能完成 TIA Portal V15 软件的安装。

(2) 通过对本任务的学习,能设计出电动机控制的电气系统图,并在规定的时间内编写和调试电动机控制程序。

素质目标:

(1) 养成按国家标准或行业标准从事专业技术活动的职业习惯。

(2) 提升学生综合运用专业知识的能力,培养学生精益求精的工匠精神。

(3) 培养学生的团队协作能力和沟通能力。

【任务实施】

一、知识准备

博途软件要求计算机满足以下条件：采用 Windows 7 64 位及以上操作系统，处理器为 Core i5-3320M 2.6 GHz 或者相当内存至少 8 GB，硬盘为 300 GB SSD，图形分辨率为 1 920×1 080。博途软件对系统及硬件的要求如图 1-3-1 所示。建议在安装 TIA Portal 期间关闭所有正在运行的程序。

查看有关计算机的基本信息

Windows 版本

Windows 7 旗舰版

版权所有 © 2009 Microsoft Corporation。保留所有权利。

Service Pack 1

系统

制造商:	深度系统
型号:	深度系统 Win7 x64 旗舰装机版 201910
分级:	系统分级不可用
处理器:	Intel(R) Core(TM) i5-3230M CPU @ 2.60GHz 2.60 GHz
安装内存(RAM):	12.0 GB (11.9 GB 可用)
系统类型:	64 位操作系统
笔和触摸:	没有可用于此显示器的笔或触控输入

图 1-3-1　博途软件对系统及硬件的要求

（一）TIA Portal V15 软件的安装

（1）打开安装包文件夹（见图 1-3-2）。

图 1-3-2　安装包文件夹

（2）选择安装文件（见图 1-3-3）。

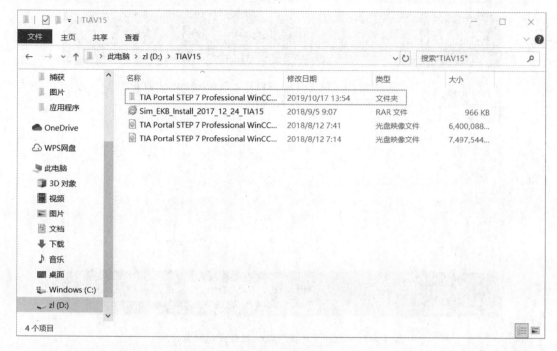

图 1-3-3 安装文件

（3）运行 Start 应用程序（见图 1-3-4）。

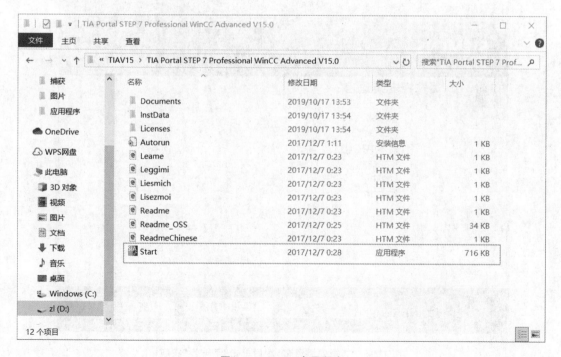

图 1-3-4 Start 应用程序

（4）单击"下一步"按钮，准备开始安装程序，如图 1-3-5 所示。

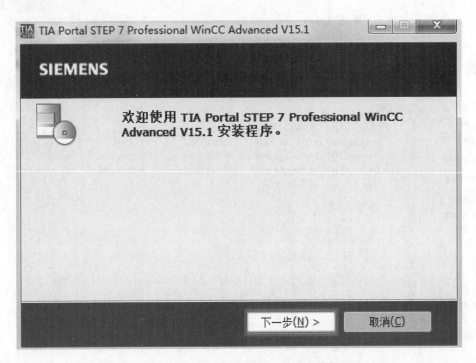

图 1-3-5　单击"下一步"按钮,准备开始安装程序

(5) 选择安装语言,然后单击"下一步"按钮,如图 1-3-6 所示。

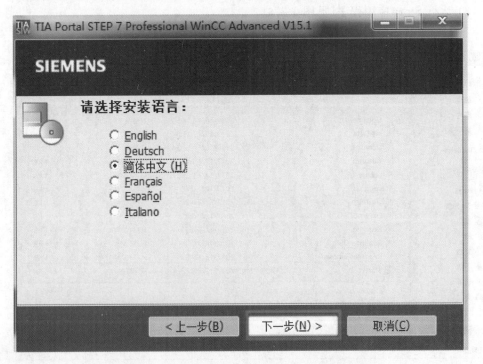

图 1-3-6　选择安装语言,然后单击"下一步"按钮

(6) 将软件包压缩到目标文件夹中的安装位置,然后单击"下一步"按钮,如图 1-3-7 所示。

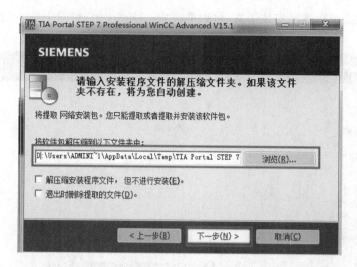

图 1-3-7 将软件包压缩到目标文件夹中的安装位置,然后单击"下一步"按钮

(7)单击"是"按钮,重新启动计算机,如图 1-3-8 所示。

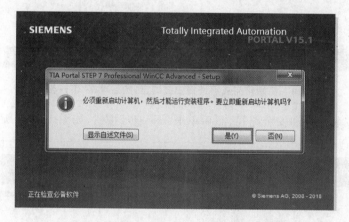

图 1-3-8 单击"是"按钮,重新启动计算机

(8)解压后系统重启,跳转至初始化界面,如图 1-3-9 所示。

图 1-3-9 初始化界面

(9) 初始化完成后选择安装语言, 然后单击"下一步"按钮, 如图 1-3-10 所示。

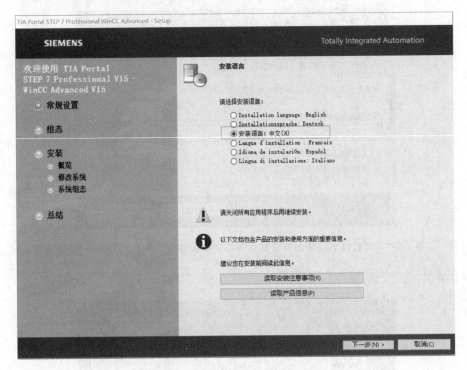

图 1-3-10　初始化完成后选择安装语言, 然后单击"下一步"按钮

(10) 选择安装文件和安装路径, 然后单击"下一步"按钮, 如图 1-3-11 所示。

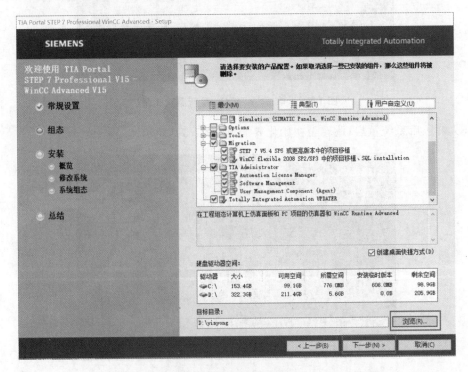

图 1-3-11　选择安装文件和安装路径, 然后单击"下一步"按钮

（11）勾选条款（有必选项，如图 1-3-12 所示），然后单击"下一步"按钮。

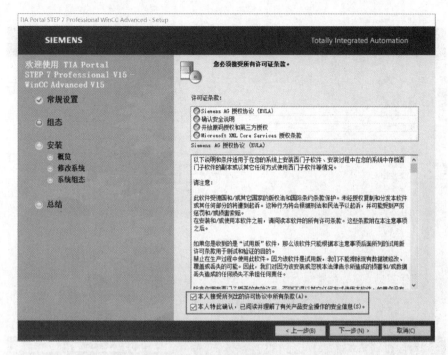

图 1-3-12 勾选条款，然后单击"下一步"按钮

（12）接受安全和权限设置（有必选项，如图 1-3-13 所示），然后单击"下一步"按钮。

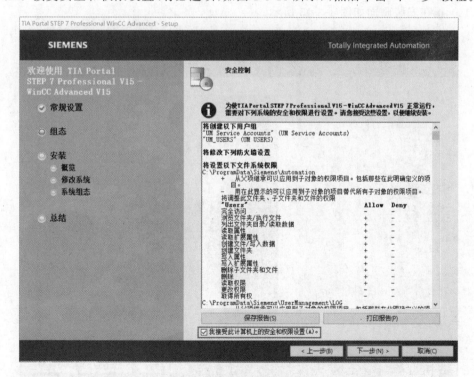

图 1-3-13 接受安全和权限设置，然后单击"下一步"按钮

（13）单击"安装"按钮，如图 1-3-14 所示。

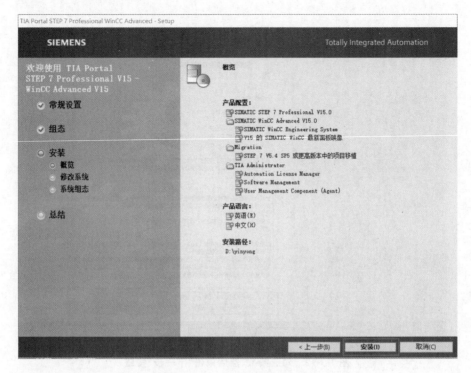

图 1-3-14　单击"安装"按钮

（14）正在安装画面如图 1-3-15 所示。

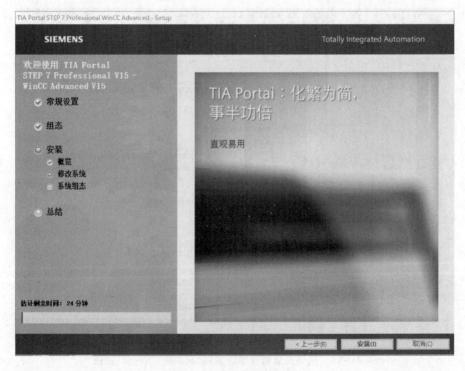

图 1-3-15　正在安装画面

（15）安装完成后选择重启计算机，如图 1-3-16 所示。

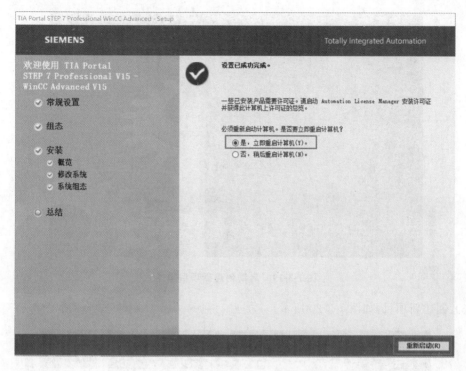

图 1-3-16　安装完成后选择重启计算机

（16）安装成功后，计算机桌面上会出现三个图标，如图 1-3-17 所示。

（二）TIA Portal V15 软件的使用

TIA Portal V15 软件功能十分强大，是目前市场上工控软件中集成度最高的软件之一。下面对本软件的具体操作使用步骤简要做介绍。

（1）双击 TIA Portal V15 软件图标（见图 1-3-18）。

图 1-3-17　安装成功后出现在计算机桌面上的三个图标

图 1-3-18　TIA Portal V15 软件图标

（2）启动创建新项目，如图 1-3-19 所示。

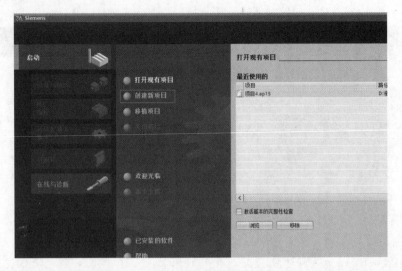

图 1-3-19　启动创建新项目操作

（3）创建新项目，如图 1-3-20 所示。

图 1-3-20　创建新项目

（4）打开项目视图，如图 1-3-21 所示。

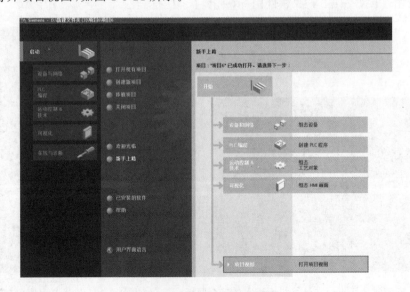

图 1-3-21　打开项目视图操作

（5）添加新设备，如图 1-3-22 所示。

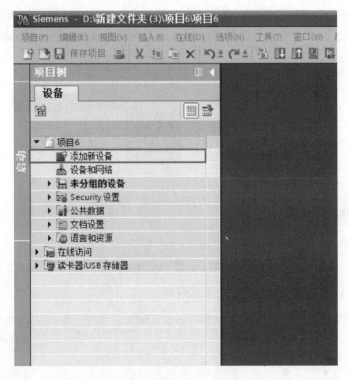

图 1-3-22 添加新设备操作

（6）添加 PLC 控制器型号（具体视硬件而定），如图 1-3-23 所示。

图 1-3-23 添加 PLC 控制器型号操作

（7）双击 PLC，设置常规参数，如图 1-3-24 所示。

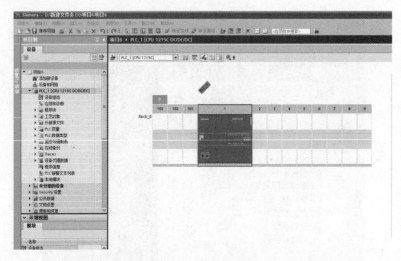

图 1-3-24 设置 PLC 常规参数

（8）设置 PLC 的名称和作者，如图 1-3-25 所示。

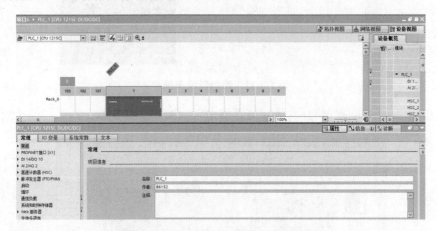

图 1-3-25 设置 PLC 的名称和作者

（9）设置以太网地址，在项目中设置 IP 地址，如图 1-3-26 所示。

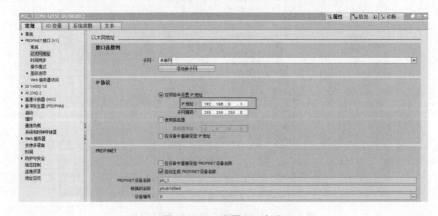

图 1-3-26 设置 IP 地址

（10）启动系统和时钟存储器，如图 1-3-27 所示。

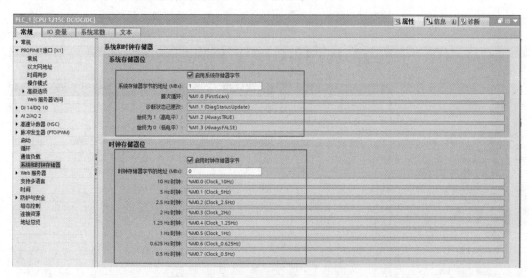

图 1-3-27 启动系统和时钟存储器

（11）打开 PLC，单击"添加新变量表"项（见图 1-3-28）。

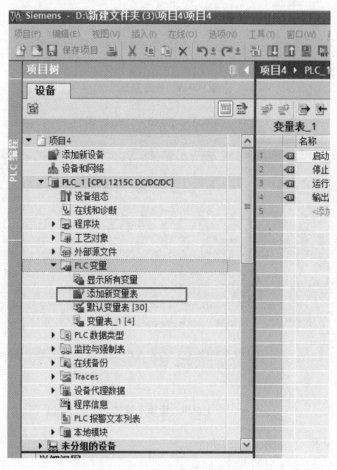

图 1-3-28 "添加新变量表"项

（12）双击打开新建变量表,建立所需要的输入启动按钮 I0.0、输出线圈 Q0.0,如图 1-3-29
所示。

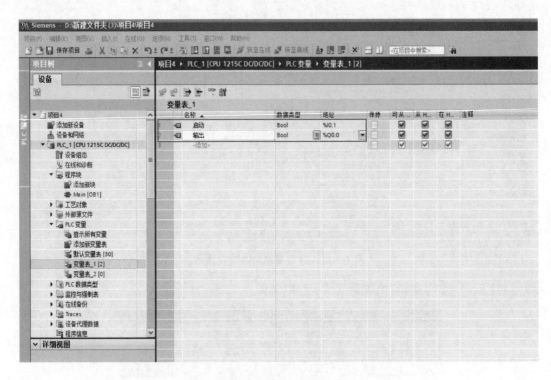

图 1-3-29　建立变量

（13）双击程序块,选择主程序,如图 1-3-30 所示,开始编程。

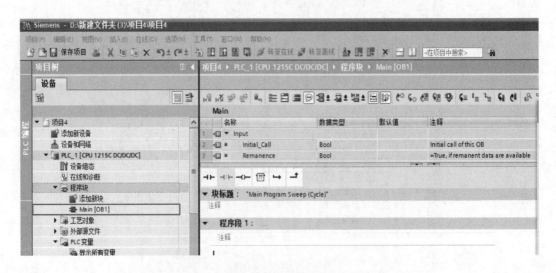

图 1-3-30　选择主程序

（14）添加常开指令,如图 1-3-31 所示。

（15）输入启动变量,如图 1-3-32 所示。

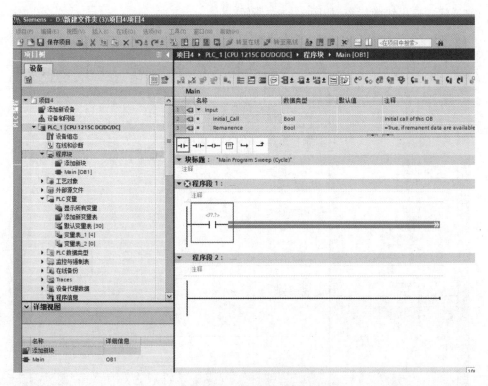

图 1-3-31　添加常开指令

图 1-3-32　输入启动变量

（16）建立输出线圈指令，如图 1-3-33 所示。

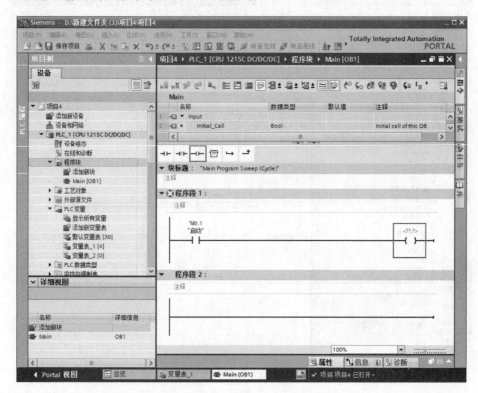

图 1-3-33　建立输出线圈指令

（17）选择变量表输出电动机，如图 1-3-34 所示。

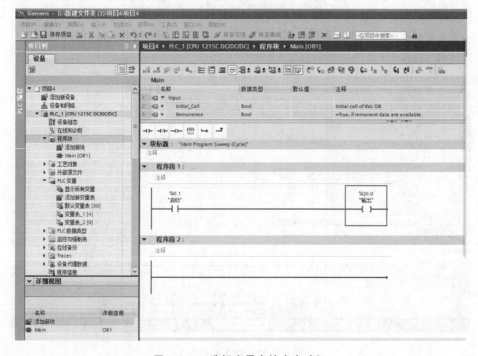

图 1-3-34　选择变量表输出电动机

二、决策计划

本任务的决策计划是:确定工作组织方式,划分工作阶段,讨论设计、安装及调试工艺流程和工作计划,分配工作任务,组织实施,验收评价。

三、实施过程

(一)设计、安装电气系统

1. 继电控制线路

图 1-3-35 所示为三相异步电动机点动控制线路图,图中 KM 为线圈,当按下按钮 SB2 时,KM 线圈得电,电动机正转;当松开按钮 SB2 时,KM 线圈失电,电动机停止转动。

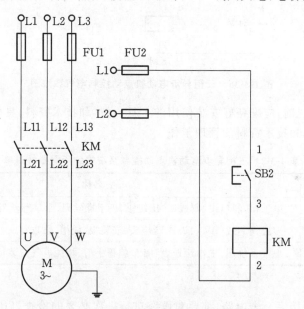

图 1-3-35　三相异步电动机点动控制线路图

2. PLC 的 I/O 口分配

PLC 的 I/O 口分配表如表 1-3-1 所示。

表 1-3-1　任务 1.3 PLC 的 I/O 口分配表

输入			输出		
PLC 接口	元器件	作用	PLC 接口	元器件	作用
I0.0	SB2	用作点动按钮	Q0.0	接触器	使电动机正转

3. 电气系统图设计

根据 PLC 的 I/O 口分配表,设计电气系统图,如图 1-3-36 所示。

由图 1-3-36 发现,PLC 的上方是输入端,下方为输出端,按照电气系统图接线,输入端 L+ 和 M 端分别接 24 V 电源的正极和负极。

4. 安装元器件,连接电路

根据图 1-3-36 安装元器件,并连接电路。

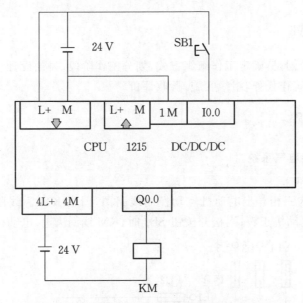

图 1-3-36　三相异步电动机点动控制电气系统图

　　安装该电气系统前,应准备好安装使用的工具、材料和技术资料,具体清单如表 1-3-2 所示,并做好工作现场和技术资料的管理工作。

表 1-3-2　三相异步电动机点动控制系统安装所需器材清单

类别	名称
工具	电工钳、斜口钳、剥线钳、压线钳、一字螺丝刀、十字螺丝刀、万用表
材料	多股铜芯线(BV-0.75)、冷压头、安装板、线槽、自攻钉
技术资料	电气系统图、工作计划表、PLC 编程手册、相关电气安装标准手册

　　5. 检查电路

　　一般情况下,每接完一个电路,都要对电路进行一次必要的检查,以免出现严重的损坏。电路具体检查项目如下。

　　(1) 电路里有无短路现象。

　　(2) PLC 所连接的电压及正负极是否正确。

　　(3) 负载电压及正负极是否正确。

　　(二) 编写 PLC 程序

　　(1) 设置 PLC 变量表,如图 1-3-37 所示。

图 1-3-37　PLC 变量表设置

　　(2) 编写 PLC 程序,如图 1-3-38 所示。

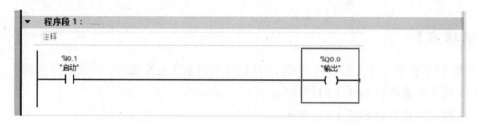

图 1-3-38　编写 PLC 程序

（3）按自己的方法编写完 PLC 程序后，把 PLC 程序下载到 PLC。

（三）调试系统

（1）系统上电后，KM 线圈处于未通电状态。

（2）按下按钮 SB2，KM 线圈得电。

（3）松开按钮 SB2，KM 线圈断电。

如果调试时你的系统有以上现象，恭喜你完成了任务。如果调试时你的系统没有出现以上现象，请你和组员一起分析原因，把系统调试成功。

四、任务评价

完成任务后，进行任务评价，并填写表 1-3-3。

表 1-3-3　任务 1.3 评价表

项目	内容	配分	得分	备注
团队合作	实施任务过程中有讨论	5		
	有工作计划	5		
	有明确的分工	5		
设计电气系统图	设计的电气系统图可行	5		
	绘制的电气系统图美观	5		
	电气元件图形符号标准	5		
安装电气系统	电气元件安装牢固	5		
	电气元件分布合理	5		
	布线规范、美观	5		
	接线牢固，且无露铜过长现象	5		
控制功能	按下按钮 SB2，KM 线圈得电	15		
	松开按钮 SB2，KM 线圈断电	15		
6S 管理	安装完成后，工位无垃圾	5		
	安装完成后，工具和配件摆放整齐	5		
安全事项	安装过程中，无损坏元器件及人身伤害现象	5		
	通电调试过程中，无短路现象	5		
总分				

【扩展提高】

使用 PLC 控制一个 LED 灯,已知 LED 灯的额定电压是直流 24 V,控制要求如下。

(1) 按下启动按钮 SB1,LED 灯亮。

(2) 按下停止按钮 SB2,LED 灯灭。

请你和组员一起设计并安装该电气系统,编写 PLC 程序,下载并调试 PLC 程序。

西门子 S7-1200 PLC 的简单应用

◀ 任务 2.1　三相异步电动机启停控制系统 ▶

【任务描述】

使用 PLC 设计一个三相异步电动机启停控制系统,用以实现对一台三相异步电动机（额定电压是交流 380 V）启停的控制。该电气系统必须具有必要的短路保护、过载保护等功能。对该电气系统的控制要求如下。

（1）按下启动按钮 SB2,交流接触器 KM 线圈得电,交流接触器吸合,三相异步电动机转动并单向运转。

（2）按下停止按钮 SB1,交流接触器 KM 线圈失电,交流接触器断开,三相异步电动机马上停止转动,并且系统复位。

请你和组员一起设计并安装该电气系统,编写 PLC 程序,下载并调试 PLC 程序。

三相异步电动机启停的继电器-接触器控制电气原理图如图 2-1-1 所示,请使用西门子 S7-1200 PLC 对它进行改造。

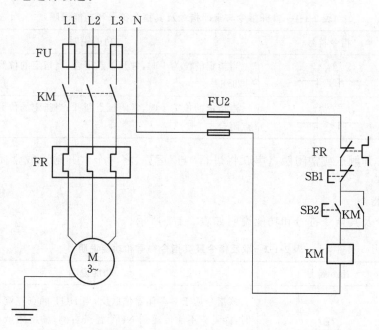

图 2-1-1　三相异步电动机启停的继电器-接触器控制电气原理图

【任务目标】

知识目标：

(1) 了解 PLC 驱动各种电压等级负载的方法。

(2) 掌握西门子 S7-1200 PLC 基本指令的使用。

(3) 能运用专业知识分析故障现象，判断出故障的大概范围。

能力目标：

(1) 通过查阅资料，能设计出一个三相异步电动机启停控制的电气系统图。

(2) 通过学习本任务，能够在规定的时间内编写及调试一个三相异步电动机启停控制 PLC 程序。

(3) 能够排除程序调试过程中出现的故障。

素质目标：

(1) 养成按国家标准或行业标准从事专业技术活动的职业习惯。

(2) 提升学生综合运用专业知识的能力，培养学生精益求精的工匠精神。

(3) 培养学生的团队协作能力和沟通能力。

【任务实施】

一、知识准备

本任务主要介绍一种适用于编写三相异步电动机启停控制 PLC 程序的位逻辑指令。

1. 常开指令与常闭指令

常开指令与常闭指令及其指令符号和功能说明如表 2-1-1 所示。

表 2-1-1　常开指令与常闭指令及其指令符号和功能说明

指令	指令符号	功能说明
常开指令	??.? ─┤├─	当指定的位为 1 时，常开触点闭合；当指定的位为 0 时，常开触点断开
常闭指令	??.? ─┤/├─	当指定的位为 1 时，常闭触点断开；当指定的位为 0 时，常闭触点闭合

将两个常开触点或常闭触点串联将进行"与"运算，将两个常开触点或常闭触点并联将进行"或"运算。

2. 取反指令

取反指令及其指令符号和功能说明如表 2-1-2 所示。

表 2-1-2　取反指令及其指令符号和功能说明

指令	指令符号	功能说明
取反指令	??.? ─┤NOT├─	该指令用于对存储器位取反，当 NOT 触点左侧为 1、右侧为 0 时，能量流不能传递到 NOT 触点右侧，输出为低电平；当 NOT 触点左侧为 0、右侧为 1 时，能量流通过 NOT 触点向右产生传递，输出为高电平

3. 线圈指令和取反线圈指令

线圈指令和取反线圈指令及其指令符号和功能说明如表 2-1-3 所示。

表 2-1-3 线圈指令和取反线圈指令及其指令符号和功能说明

指令	指令符号	功能说明
线圈指令	—( )—	当左侧触点逻辑运算结果为 1 时,CPU 将线圈的位地址指定的过程映像寄存器的位置位置 1;当左侧触点逻辑运算结果为 0 时,CPU 将线圈的位地址指定的过程映像寄存器的位置位置 0
取反线圈指令	—(/)—	当左侧触点逻辑运算结果为 0 时,CPU 将线圈的位地址指定的过程映像寄存器的位置位置 1;当左侧触点逻辑运算结果为 1 时,CPU 将线圈的位地址指定的过程映像寄存器的位置位置 0

二、决策计划

由上述控制要求可知,发出命令的元器件分别为启动按钮、停止按钮、热继电器的触点,它们作为 PLC 的输入量;执行命令的元器件是交流接触器,通过它的主触点可将三相异步电动机与三相交流电源接通,从而实现电动机的连续运行控制,它的线圈作为 PLC 的输出量。按下启动按钮,交流接触器线圈得电;松开启动按钮,交流接触器线圈仍得电,这就像继电器-接触器控制系统一样,需要在软件中增加自锁环节。当按下停止按钮或电动机过载时,电动机会停止运行,这也像继电器-接触器控制系统一样,需要在软件中在输出线圈指令前串联停止按钮和热继电器的触点,即在按下停止按钮或电动机过载时将相应触点断开,使输出线圈失电。

本任务的决策计划是:确定工作组织方式,划分工作阶段,讨论设计、安装及调试工艺流程和工作计划,分配工作任务,组织实施,验收评价。

三、实施过程

(一)设计、安装电气系统

1. PLC 的 I/O 口分配

PLC 的 I/O 口分配表如表 2-1-4 所示。

表 2-1-4 任务 2.1 PLC 的 I/O 口分配表

输入			输出		
PLC 接口	元器件	作用	PLC 接口	元器件	作用
I0.0	SB1	使三相异步电动机停止转动	Q0.0	KM	控制交流接触器线圈
I0.1	SB2	启动三相异步电动机			
I0.2	FR	控制热继电器辅助常开触点			

2. 电气系统图设计

根据 PLC 的 I/O 口分配表,设计三相异步电动机启停控制电气系统图,如图 2-1-2 所示。

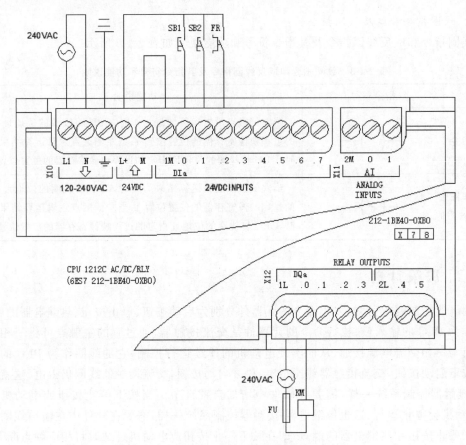

图 2-1-2 三相异步电动机启停控制电气系统图

3. 安装元器件，连接电路

根据图 2-1-2 安装元器件，并连接电路。

安装该电气系统前，应准备好安装使用的工具、材料、设备和技术资料，具体清单如表 2-1-5 所示，并做好工作现场和技术资料的管理工作。

表 2-1-5 三相异步电动机启停控制系统安装所需器材清单

类别	名称
工具	电工钳、斜口钳、剥线钳、压线钳、一字螺丝刀、十字螺丝刀、万用表
材料	多股铜芯线（BV-0.75）、冷压头、安装板、线槽、自攻钉
设备	空气开关、开关电源（24 V）、按钮（2 个）、热继电器（1 个）、交流接触器（1 个），西门子 S7-1200 PLC、下载网线
技术资料	电气系统图、工作计划表、PLC 编程手册、相关电气安装标准手册

4. 检查电路

一般情况下，每接完一个电路，都要对电路进行一次必要的检查，以免出现严重的损坏。电路具体检查的项目如下。

（1）电路里有无短路现象。

（2）PLC 所连接的电压及正负极是否正确。

（3）负载电压及正负极是否正确。

（二）编写 PLC 程序

（1）设置三相异步电动机启停控制 PLC 变量表，如图 2-1-3 所示。

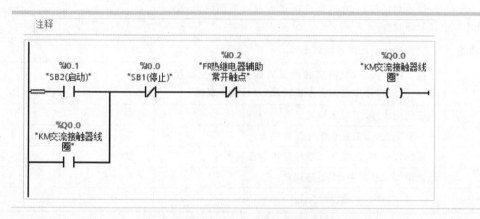

		名称	数据类型	地址	保持	可从 ...	从 H...	在 H...	注释
变量表_1									
1		SB1(停止)	Bool	%I0.0		✓	✓	✓	
2		SB2(启动)	Bool	%I0.1		✓	✓	✓	
3		FR热继电器辅助常开触点	Bool	%I0.2		✓	✓	✓	
4		KM交流接触器线圈	Bool	%Q0.0		✓	✓	✓	
5		<新增>				✓	✓	✓	

图 2-1-3　三相异步电动机启停控制 PLC 变量表

（2）编写 PLC 程序，如图 2-1-4 所示。

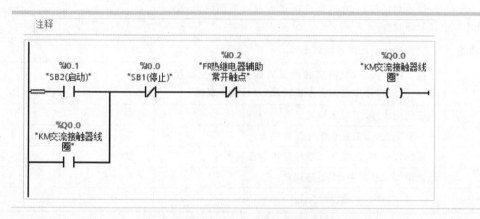

图 2-1-4　三相异步电动机启停控制 PLC 程序

（3）按图 2-1-4，或者按自己的方法编写完 PLC 程序后，把 PLC 程序下载到 PLC。

（三）调试系统

（1）系统上电后，三相异步电动机处于停止状态。

（2）按下启动按钮，交流接触器 KM 线圈得电，交流接触器吸合，三相异步电动机连续转动。

（3）按下停止按钮，交流接触器 KM 线圈失电，交流接触器断开，三相异步电动机停止转动。

如果调试时你的系统有以上现象，恭喜你完成了任务。如果调试时你的系统没有出现以上现象，请你和组员一起分析原因，把系统调试成功。

四、任务评价

完成任务后，进行任务评价，并填写表 2-1-6。

表 2-1-6　任务 2.1 评价表

项目	内容	配分	得分	备注
团队合作	实施任务过程中有讨论	5		
	有工作计划	5		
	有明确的分工	5		
设计电气系统图	设计的电气系统图可行	5		
	绘制的电气系统图美观	5		
	电气元件图形符号标准	5		
安装电气系统	电气元件安装牢固	5		
	电气元件分布合理	5		
	布线规范、美观	5		
	接线牢固,且无露铜过长现象	5		
控制功能	按下启动按钮 SB2,交流接触器 KM 线圈得电,交流接触器吸合	10		
	三相异步电动机连续转动	10		
	按下停止按钮,交流接触器 KM 线圈失电,交流接触器断开,三相异步电动机停止转动,并且系统复位	10		
6S 管理	安装完成后,工位无垃圾	5		
	安装完成后,工具和配件摆放整齐	5		
安全事项	安装过程中,无损坏元器件及人身伤害现象	5		
	通电调试过程中,无短路现象	5		
总分				

◀ 任务 2.2　三相异步电动机正反转控制系统 ▶

【任务描述】

使用 PLC 制作一个三相异步电动机正反转控制系统,用以控制一台三相异步电动机(额定电压是交流 380 V)的正反转。该电气系统必须具有必要的短路保护、过载保护等功能。对该电气系统的控制要求如下。

(1) 按下启动按钮 SB2,三相异步电动机启动并正向运转。

(2) 按下启动按钮 SB3,三相异步电动机先停止正转,然后启动并反向运转。

(3) 按下停止按钮 SB1,三相异步电动机停止转动,并且系统复位。

(4) 按下启动按钮 SB3,三相异步电动机启动并反向运转。

(5) 按下启动按钮 SB2,三相异步电动机先停止反转,然后启动并正向运转。

(6) 按下停止按钮 SB1,三相异步电动机停止转动,并且系统复位。

请你和组员一起设计并安装该电气系统,编写 PLC 程序,下载并调试 PLC 程序。

三相异步电动机正反转的继电器-接触器控制电气原理图如图 2-2-1 所示,请用西门子

S7-1200 PLC 对它进行改造。

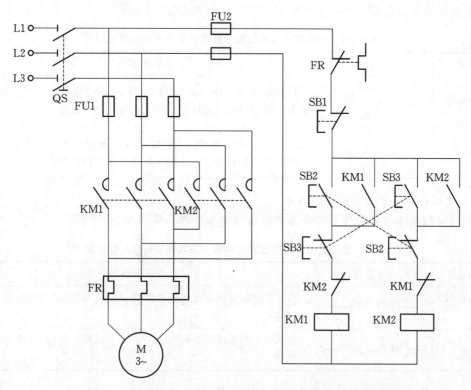

图 2-2-1 三相异步电动机正反转的继电器-接触器控制电气原理图

【任务目标】

知识目标:

(1) 了解 PLC 驱动各种电压等级负载的方法。

(2) 掌握西门子 S7-1200 PLC 基本指令的使用。

(3) 能运用专业知识分析故障现象,判断出故障的大概范围。

能力目标:

(1) 通过查阅资料,能设计出一个三相异步电动机正反转控制的电气系统图。

(2) 通过学习本任务,能够在规定的时间内编写及调试一个三相异步电动机正反转控制 PLC 程序。

(3) 能够排除调试过程中出现的故障。

素质目标:

(1) 养成按国家标准或行业标准从事专业技术活动的职业习惯。

(2) 提升学生综合运用专业知识的能力,培养学生精益求精的工匠精神。

(3) 培养学生的团队协作能力和沟通能力。

【任务实施】

一、知识准备

这里主要介绍适用于编写三相异步电动机正反转控制 PLC 程序的位逻辑指令。

1. 置位指令与复位指令

置位指令与复位指令及其指令符号和功能说明如表 2-2-1 所示。

表 2-2-1　置位指令与复位指令及其指令符号和功能说明

指令	指令符号	功能说明
置位指令	??.? —(S) N	执行置位(置 1)指令时,从操作数的直接位地址"??.?"或输出状态表(OUT)指定的地址参数开始的 N 个点都被置位
复位指令	??.? —(R) N	执行复位(置 0)指令时,从操作数的直接位地址"??.?"或输出状态表(OUT)指定的地址参数开始的 N 个点都被复位

2. 置位位域指令与复位位域指令

置位位域指令与复位位域指令及其指令符号和功能说明如表 2-2-2 所示。

表 2-2-2　置位位域指令与复位位域指令及其指令符号和功能说明

指令	指令符号	功能说明
置位位域指令	—(SET_BF)—	将从指定的地址开始的连续的若干个位地址置位(变为 1 状态并保持)
复位位域指令	—(RESET_BF)—	将从指定的地址开始的连续的若干个位地址复位(变为 0 状态并保持)

3. 置位优先触发器指令与复位优先触发器指令

置位优先触发器指令与复位优先触发器指令及其指令符号和功能说明如表 2-2-3 所示,功能表如表 2-2-4 所示。

表 2-2-3　置位优先触发器指令与复位优先触发器指令及其图形符号和功能说明

指令	指令符号	功能说明
置位优先触发器指令	??.? S1　OUT R　SR	当置位信号(S1)与复位信号(R)同时为真时,CPU 将"??.?"位地址指定的存储器的位置位置 1,可选的 OUT 表示"??.?"的状态
复位优先触发器指令	??.? S　OUT R1　RS	当置位信号(S)与复位信号(R1)同时为真时,CPU 将"??.?"位地址指定的存储器的位置位置 0,可选的 OUT 表示"??.?"的状态

表 2-2-4　置位优先触发器指令与复位优先触发器指令的功能表

置位优先触发器指令			复位优先触发器指令		
R	S1	输出状态	S	R1	输出状态
0	0	保持前一状态	0	0	保持前一状态
0	1	1	0	1	0
1	0	0	1	0	1
1	1	1	1	1	0

4. 电感传感器

电感传感器(见图 2-2-2)是将被测物理量(如位移、压力、流量、振动等)的变化转换为线圈自感或互感的物理量变化来进行测量的设备。电感传感器的优点是结构简单,工作可靠,测量精度高,零点稳定,输出功率较大等;主要缺点是灵敏度、线性度和测量范围相互制约,自身频率响应低,不适用于快速动态测量。

电感传感器广泛应用于纺织、化纤、冶金等行业的速度检测,链输送带的速度、距离检测和转速表等。另外,电感传感器还可用于物料检测、厚度检测和位置检测等。

图 2-2-2 电感传感器

电感传感器可分为变间隙型、变面积型和螺管插铁型三种。在实际应用中,这三种电感传感器多制成差动式,以便提高线性度和减小电磁吸力所引起的附加误差。

变间隙型电感传感器的气隙 δ 随被测物理量的变化而改变,从而改变磁阻。它的灵敏度和非线性度都随气隙的增大而减小,因此常常要考虑将两者兼顾。变间隙型电感传感器的气隙 δ 一般取为 0.1~0.5 mm。

变面积型电感传感器铁芯和衔铁之间的相对覆盖面积(即磁通截面)随被测物理量的变化而改变,从而改变磁阻。它的灵敏度为常数,线性度很好。

螺管插铁型电感传感器由螺管线圈和与被测物体相连的柱形衔铁构成。它的工作原理基于线圈磁力线泄漏路径上磁阻的变化。衔铁随被测物体移动时改变线圈的电感量。这种电感传感器的量程大,灵敏度低,结构简单,便于制作。

5. 电容传感器

电容传感器是以各种类型的电容器作为传感元件,将被测物理量转换成为电容量的一种转换装置。电容传感器实际上就是一个具有可变参数的电容器。电容传感器广泛用于位移、角度、振动、速度、压力、成分分析、介质特性等方面的测量。最常用的电容传感器有平行板式电容传感器和圆筒式电容传感器。

电容传感器也常常被人们称为电容式物位计。它的电容检测元件是根据圆筒式电容传感器原理进行工作的。圆筒式电容传感器由两个绝缘的同轴圆柱极板内电极和外电极组成,在两圆筒之间充以介电常数为 ε 的电解质时,两圆筒间的电容量 C 为

$$C = \frac{2\pi\varepsilon L}{\ln\dfrac{D}{d}}$$

式中:L——两圆筒重合部分的长度;

$\quad D$——外电极的直径;

$\quad d$——内电极的直径;

$\quad \varepsilon$——中间介质的介电常数。

在实际测量中 D、d、ε 是基本不变的,故测得 C,即可知道液位的高低。电容传感器具有使用方便、结构简单、灵敏度高、价格便宜等特点。

根据工作原理,可把电容传感器分为变极距式、变面积式和变介质式三类。这三类电容传感器又可按位移的形式细分为线位移式和角位移式两种,每一种电容传感器根据极板形状又可分成平(圆形)板形、圆柱(圆筒)形及球面形和锯齿形等。其中,极板采用球面形和锯

齿形等形状的电容传感器一般很少用。

电容传感器多制成差动式的。差动式电容传感器一般优于单组(单边)式电容传感器,具有灵敏度高、线性范围宽、稳定性高等特点。

二、决策计划

根据上述控制要求可知,发出命令的元器件分别为正向启动按钮、反向启动按钮、停止按钮、热继电器的触点,它们可以作为PLC的输入量;执行命令的元器件是正反向交流接触器,通过它们的主触点可将三相异步电动机接通正、负序三相交流电源,从而实现电动机的正反向运行控制,它们的线圈作为PLC的输出量。按下正向启动按钮后,若再次按下反向启动按钮,电动机立即停止运行并马上切换到反向运行状态。同样,若先按下反向启动按钮,再按下正向启动按钮,电动机停止运行并马上切换到正向运行状态。这是怎样实现的呢?其实,上述功能在编写可编程控制程序时通过设置软件的互锁就可以实现,就像继电器-接触器控制系统一样设置机械互锁环节,但是同时也要在交流接触器上设计机械互锁,因为可编程控制器转换的时间迅速,一个交流接触器还没有完全分离,另一个交流接触器就已经吸合,使电路产生短路现象。在很多工程应用中,经常需要电动机可逆运行,即正、反转,这就需要使电动机正转时不能反转,反转时不能正转,否则会造成电源短路。在继电器-接触器控制系统中通常通过使用机械和电气互锁来解决此问题。在PLC控制系统中,虽然可通过软件实现互锁,即使正反两输出线圈不能同时得电,但不能从根本上杜绝电源短路现象的发生(如一个接触器线圈失电,若其触点因熔焊不能分离,此时另一个接触器线圈再得电,就会发生电源短路现象),所以必须在接触器的线圈回路中串联对方的辅助常闭触点。

在编程时可以采用典型的启保停编程方式,也可以采用使用置位指令和复位指令编程方式。

本任务的决策计划是:确定工作组织方式,划分工作阶段,讨论设计、安装及调试工艺流程和工作计划,分配工作任务,组织实施,验收评价。

三、实施过程

(一)设计、安装电气系统

1. PLC的I/O口分配

PLC的I/O口分配表如表2-2-5所示。

表2-2-5　任务2.2 PLC的I/O口分配表

输入			输出		
PLC接口	元器件	作用	PLC接口	元器件	作用
I0.0	SB1	使三相异步电动机停止转动	Q0.0	KM1	控制KM1交流接触器线圈,使三相异步电动机正转
I0.1	SB2	正向启动三相异步电动机	Q0.1	KM2	控制KM2交流接触器线圈,使三相异步电动机反转
I0.2	SB3	反向启动三相异步电动机			
I0.3	FR	控制热继电器辅助常开触点			

2. 电气系统图设计

根据 PLC 的 I/O 口分配表,设计三相异步电动机正反转控制电气系统图,如图 2-2-3 所示。

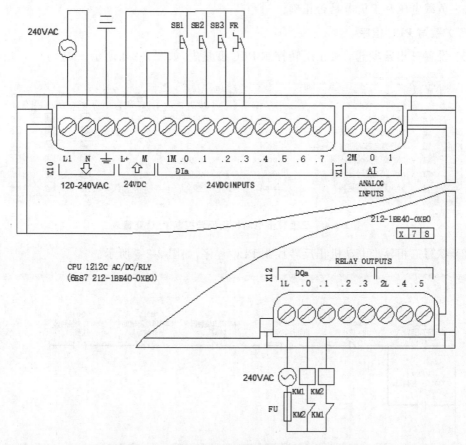

图 2-2-3 三相异步电动机正反转控制电气系统图

3. 安装元器件,连接电路

根据图 2-2-3 安装元器件,连接电路。

安装该电气系统前,应准备好安装使用的工具、材料、设备和技术资料,具体清单如表 2-2-6 所示,并做好工作现场和技术资料的管理工作。

表 2-2-6 三相异步电动机正反转控制系统安装器材清单

类别	名称
工具	电工钳、斜口钳、剥线钳、压线钳、一字螺丝刀、十字螺丝刀、万用表
材料	多股铜芯线(BV-0.75)、冷压头、安装板、线槽、自攻钉
设备	空气开关、开关电源(24 V)、按钮(3 个)、热继电器(1 个)、交流接触器(2 个)、西门子 S7-1200 PLC、下载网线
技术资料	电气系统图、工作计划表、PLC 编程手册、相关电气安装标准手册

4. 检查电路

一般情况下,每接完一个电路,都要对电路进行一次必要的检查,以免出现严重的损坏。电路具体检查的项目如下。

（1）电路里有无短路现象。

（2）PLC 所连接的电压及正负极是否正确。

（3）负载电压及正负极是否正确。

（二）编写 PLC 程序

（1）设置三相异步电动机正反转控制 PLC 变量表，如图 2-2-4 所示。

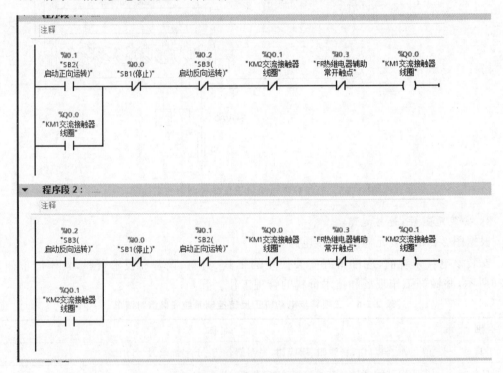

图 2-2-4　三相异步电动机正反转控制 PLC 变量表

（2）编写三相异步电动机正反转控制 PLC 程序，如图 2-2-5 所示。

图 2-2-5　三相异步电动机正反转控制 PLC 程序

（3）按图 2-2-5，或者按自己的方法编写完 PLC 程序后，把 PLC 程序下载到 PLC。

（三）调试系统

（1）按下启动按钮 SB2，三相异步电动机启动并正向运转。

（2）按下启动按钮 SB3，三相异步电动机先停止正转，然后启动并反向运转。

（3）按下停止按钮 SB1，三相异步电动机停止转动，并且系统复位。

（4）按下启动按钮 SB3，三相异步电动机启动并反向运转。

（5）按启动按钮 SB2，三相异步电动机先停止反转，然后启动并正向运转。

（6）按下停止按钮 SB1，三相异步电动机停止转动，并且系统复位。

如果调试时你的系统有以上现象，恭喜你完成了任务。如果调试时你的系统没有出现以上现象，请你和组员一起分析原因，把系统调试成功。

四、任务评价

完成任务后，进行任务评价，并填写表 2-2-7。

表 2-2-7 并任务 2.2 评价表

项目	内容	配分	得分	备注
团队合作	实施任务过程中有讨论	5		
	有工作计划	5		
	有明确的分工	5		
设计电气系统图	设计的电气系统图可行	5		
	绘制的电气系统图美观	5		
	电气元件图形符号标准	5		
安装电气系统	电气元件安装牢固	5		
	电气元件分布合理	5		
	布线规范、美观	5		
	接线牢固，且无露铜过长现象	5		
控制功能	按下启动按钮 SB2，三相异步电动机启动并正向运转	5		
	按下启动按钮 SB3，三相异步电动机先停止正转，然后启动并反向运转	5		
	按下停止按钮 SB1，三相异步电动机停止转动，并且系统复位	5		
	按下启动按钮 SB3，三相异步电动机启动并反向运转	5		
	按启动按钮 SB2，三相异步电动机先停止反转，然后启动并正向运转	5		
	按下停止按钮 SB1，三相异步电动机停止转动，并且系统复位	5		
6S 管理	安装完成后，工位无垃圾	5		
	安装完成后，工具和配件摆放整齐	5		
安全事项	安装过程中，无损坏元器件及人身伤害现象	5		
	通电调试过程中，无短路现象	5		
总分				

◀ 任务 2.3　三相异步电动机两地控制正反转控制系统 ▶

【任务描述】

使用 PLC 制作一个三相异步电动机两地控制正反转控制系统,用以控制一台三相异步电动机(额定电压是交流 380 V)的正反转。该电气系统必须具有必要的短路保护、过载保护等功能。对该电气系统的控制要求如下:

(1) 按下启动按钮 SB1 或 SB3,三相异步电动机启动并正向运转。

(2) 按下启动按钮 SB2 或 SB4,三相异步电动机先停止正转,然后启动并反向运转。

(3) 按下停止按钮 SB5 或 SB6,三相异步电动机停止转动,并且系统复位。

(4) 按下启动按钮 SB2 或 SB4,三相异步电动机启动并反向运转。

(5) 按下启动按钮 SB1 或 SB3,三相异步电动机先停止反转,然后启动并正向运转。

(6) 按下停止按钮 SB5 或 SB6,三相异步电动机停止转动,并且系统复位。

请你和组员一起设计并安装该电气系统,编写 PLC 程序,下载并调试 PLC 程序。

三相异步电动机两地控制正反转的继电器-接触器控制电气原理图如图 2-3-1 所示,请使用西门子 S7-1200 PLC 对它进行改造。

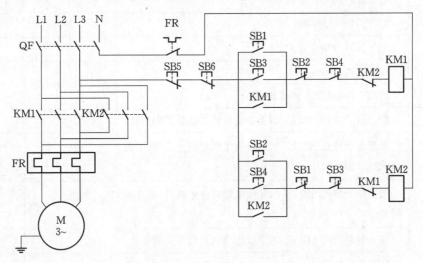

图 2-3-1　三相异步电动机两地控制正反转的继电器-接触器控制电气原理图

【任务目标】

知识目标:

(1) 了解 PLC 驱动各种电压等级负载的方法。

(2) 掌握西门子 S7-1200 PLC 基本指令的使用。

(3) 能运用专业知识分析故障现象,判断出故障的大概范围。

能力目标:

(1) 通过查阅资料,能设计出一个三相异步电动机两地控制正反转控制的电气系统图。

(2) 通过学习本任务,能够在规定的时间内编写及调试一个三相异步电动机两地控制正反转 PLC 程序。

（3）能够排除调试过程中出现的故障。

素质目标：

（1）养成按国家标准或行业标准从事专业技术活动的职业习惯。

（2）提升学生综合运用专业知识的能力，培养学生精益求精的工匠精神。

（3）培养学生的团队协作能力和沟通能力。

【任务实施】

一、知识准备

这里主要介绍适用于编写三相异步电动机两地控制正反转 PLC 程序的位逻辑指令。

1. 边沿触发指令

边沿触发指令分为上升沿触发指令和下降沿触发指令两种，如表 2-3-1 所示。

表 2-3-1 上升沿触发指令和下降沿触发指令及其指令符号和功能说明

指令	指令符号	功能说明
上升沿触发指令	—┤P├—	输入脉冲的上升沿触发（正跳变，从关到开），使触点闭合（ON）一个扫描周期；不能放置在程序分支结尾处
下降沿触发指令	—┤N├—	输入脉冲的下降沿触发（负跳变，从开到关），使触点闭合（ON）一个扫描周期；不能放置在程序分支结尾处

2. 边沿线圈指令

边沿线圈指令分为上升沿线圈指令和下降沿线圈指令两种，如表 2-3-2 所示。

表 2-3-2 上升沿线圈指令和下降沿线圈指令及其指令符号和功能说明

指令	指令符号	功能说明
上升沿线圈指令	—(P)—	输入脉冲的上升沿触发（正跳变，从关到开），使线圈闭合（ON）一个扫描周期
下降沿线圈指令	—(N)—	输入脉冲的下降沿触发（负跳变，从开到关），使线圈闭合（ON）一个扫描周期

3. 边沿输出指令

边沿输出指令分为上升沿输出指令和下降沿输出指令两种，如表 2-3-3 所示。

表 2-3-3 上升沿输出指令和下降沿输出指令及其指令符号和功能说明

指令	指令符号	功能说明
上升沿输出指令	P_TRIG —CLK　　Q—	在 CLK 端检测到上升沿触发（正跳变，从关到开）时，Q 端输出高电平
下降沿输出指令	N_TRIG —CLK　　Q—	在 CLK 端检测到下降沿触发（负跳变，从开到关）时，Q 端输出高电平

二、决策计划

本任务的决策计划是：确定工作组织方式，划分工作阶段，讨论设计、安装及调试工艺流程和工作计划，分配工作任务，组织实施，验收评价。

三、实施过程

（一）设计、安装电气系统

1. PLC 的 I/O 口分配

PLC 的 I/O 口分配表如表 2-3-4 所示。

表 2-3-4　任务 2.3 PLC 的 I/O 口分配表

输入			输出		
PLC 接口	元器件	作用	PLC 接口	元器件	作用
I0.0	SB1	远程正转	Q0.0	KM1	控制 KM1 交流接触器线圈
I0.1	SB2	现场反转	Q0.1	KM2	控制 KM2 交流接触器线圈
I0.2	SB3	现场正转			
I0.3	SB4	远程反转			
I0.4	SB5	远程停止			
I0.5	SB6	现场停止			
I0.6	FR	控制热继电器辅助常开触点			

2. 电路系统图设计

根据 PLC 的 I/O 口分配表,设计电气系统图,如图 2-3-2 所示。

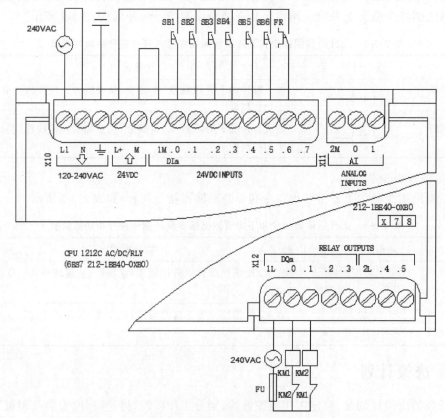

图 2-3-2　三相异步电动机两地控制正反转控制的电气系统图

3. 安装元器件,连接电路

根据图 2-3-2 安装元器件,并连接电路。

安装该电气系统前,应准备好安装使用的工具、材料、设备和技术资料,具体清单如表 2-3-5 所示,并做好工作现场和技术资料的管理工作。

表 2-3-5　三相异步电动机两地控制正反转控制系统安装所需器材清单

类别	名称
工具	电工钳、斜口钳、剥线钳、压线钳、一字螺丝刀、十字螺丝刀、万用表
材料	多股铜芯线(BV-0.75)、冷压头、安装板、线槽、自攻钉
设备	空气开关、开关电源(24 V)、按钮(6 个)、热继电器(1 个)、交流接触器(2 个)、西门子 S7-1200 PLC、下载网线
技术资料	电气系统图、工作计划表、PLC 编程手册、相关电气安装标准手册

4. 检查电路

一般情况下,每接完一个电路,都要对电路进行一次必要的检查,以免出现严重的损坏。电路具体检查的项目如下。

(1) 电路里有无短路现象。

(2) PLC 所连接的电压及正负极是否正确。

(3) 负载电压及正负极是否正确。

(二) 编写 PLC 程序

(1) 设置三相异步电动机两地控制正反转 PLC 变量表,如图 2-3-3 所示。

		名称	数据类型	地址	保持	可从	从 H	在 H	注释
1	⬜	SB1 (甲地正转启动按钮)	Bool	%I0.0	☐	☑	☑	☑	
2	⬜	SB2 (乙地反转启动按钮)	Bool	%I0.1	☐	☑	☑	☑	
3	⬜	SB3 (乙地正转启动按钮)	Bool	%I0.2	☐	☑	☑	☑	
4	⬜	SB4 (甲地反转启动按钮)	Bool	%I0.3	☐	☑	☑	☑	
5	⬜	SB5 (甲地停止按钮)	Bool	%I0.4	☐	☑	☑	☑	
6	⬜	SB6 (乙地停止按钮)	Bool	%I0.5	☐	☑	☑	☑	
7	⬜	FR (热继电器辅助常开触点)	Bool	%I0.6	☐	☑	☑	☑	
8	⬜	KM1交流接触器线圈	Bool	%Q0.0	☐	☑	☑	☑	
9	⬜	KM2交流接触器线圈	Bool	%Q0.1	☐	☑	☑	☑	
10		<新增>			☐	☑	☑	☑	

图 2-3-3　三相异步电动机两地控制正反转 PLC 变量表图

(2) 编写三相异步电动机两地控制正反转 PLC 程序,如图 2-3-4 所示。

(3) 按图 2-3-4,或者按自己的方法编写完 PLC 程序后,把 PLC 程序下载到 PLC。

(三) 调试系统

(1) 按下启动按钮 SB1 或 SB3,三相异步电动机启动并正向运转。

(2) 按下启动按钮 SB2 或 SB4,三相异步电动机先停止正转,然后启动并反向运转。

(3) 按下停止按钮 SB5 或 SB6,三相异步电动机停止转动,并且系统复位。

(4) 按下启动按钮 SB2 或 SB4,三相异步电动机启动并反向运转。

(5) 按下启动按钮 SB1 或 SB3,三相异步电动机先停止反转,然后启动并正向运转。

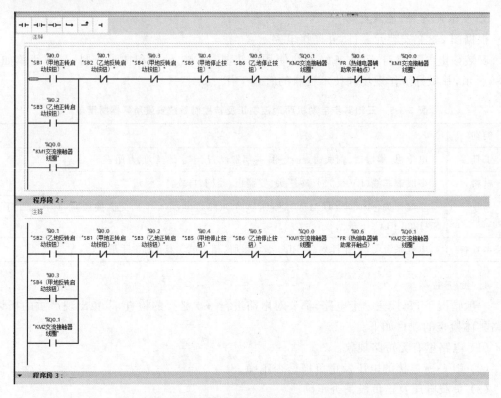

图 2-3-4　三相异步电动机两地控制正反转 PLC 程序

（6）按下停止按钮 SB5 或 SB6，三相异步电动机停止转动，并且系统复位。

如果调试时你的系统有以上现象，恭喜你完成了任务。如果调试时你的系统没有出现以上现象，请你和组员一起分析原因，把系统调试成功。

四、任务评价

完成任务后，进行任务评价，并填写表 2-3-6。

表 2-3-6　任务 2.3 评价表

项目	内容	配分	得分	备注
团队合作	实施任务过程中有讨论	5		
	有工作计划	5		
	有明确的分工	5		
设计电气系统图	设计的电气系统图可行	5		
	绘制的电气系统图美观	5		
	电气元件图形符号标准	5		
安装电气系统	电气元件安装牢固	5		
	电气元件分布合理	5		
	布线规范、美观	5		
	接线牢固，且无露铜过长现象	5		

项目	内容	配分	得分	备注
控制功能	按下启动按钮 SB1 或 SB3，三相异步电动机启动并正向运转	5		
	按下启动按钮 SB2 或 SB4，三相异步电动机先停止正转，然后启动并反向运转	5		
	按下停止按钮 SB5 或 SB6，三相异步电动机停止转动，并且系统复位	5		
	按下启动按钮 SB2 或 SB4，三相异步电动机启动并反向运转	5		
	按下启动按钮 SB1 或 SB3，三相异步电动机停止反转，然后启动并正向运转	5		
	按下停止按钮 SB5 或 SB6，三相异步电动机停止转动，并且系统复位	5		
6S 管理	安装完成后，工位无垃圾	5		
	安装完成后，工具和配件摆放整齐	5		
安全事项	安装过程中，无损坏元器件及人身伤害现象	5		
	通电调试过程中，无短路现象	5		
总分				

◀ 任务 2.4　三台三相异步电动机顺序启动控制系统 ▶

【任务描述】

使用西门子 S7-1200 PLC 制作三台三相异步电动机顺序启动控制系统，用以控制三台三相异步电动机(额定电压是交流 380 V)的顺序启动。该电气系统必须具有必要的短路保护、过载保护等功能。对该电气系统的控制要求如下。

(1) 按下启动按钮 SB2，第一台三相异步电动机启动并正向运转。

(2) 过 3 秒后，第二台三相异步电动机启动并正向运转。

(3) 过 3 秒后，第三台三相异步电动机启动并正向运转。

(4) 按下停止按钮 SB1，三相异步电动机停止转动，并且系统复位。

请你和组员一起设计并安装该电气系统，编写 PLC 程序，下载并调试 PLC 程序。

三台三相异步电动机顺序启动的继电器-接触器控制电气原理图如图 2-4-1 所示，请用西门子 S7-1200 PLC 对它进行改造。

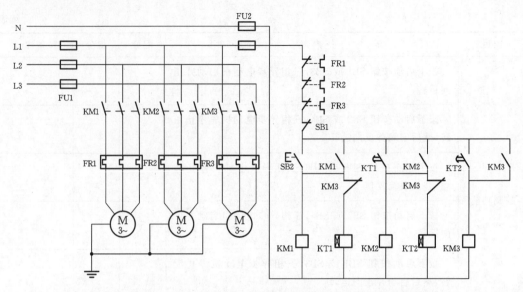

图 2-4-1　三台三相异步电动机顺序启动的继电器-接触器控制电气原理图

【任务目标】

知识目标：

(1) 了解 PLC 驱动各种电压等级负载的方法。

(2) 掌握西门子 S7-1200 PLC 基本指令的使用。

(3) 能运用专业知识分析故障现象,判断出故障的大概范围。

能力目标：

(1) 通过查阅资料,能设计出一个三台三相异步电动机顺序启动控制的电气系统图。

(2) 通过学习本任务,能够在规定的时间内编写及调试一个三台三相异步电动机顺序启动控制 PLC 程序。

(3) 能够排除调试过程中出现的故障。

素质目标：

(1) 养成按国家标准或行业标准从事专业技术活动的职业习惯。

(2) 提升学生综合运用专业知识的能力,培养学生精益求精的工匠精神。

(3) 培养学生的团队协作能力和沟通能力。

【任务实施】

一、知识准备

(一) 光电传感器概述

光电传感器(见图 2-4-2)一般由处理通路和处理元件两个部分组成,是将光信号转换为电信号的一种器件。它的工作原理是光电效应。光电效应是指光照射在某些物质上时,物质的电子吸收光子的能量而发生相应的电效应的现象。根据光电效应现象的不同,光电效应可分为三类:外光电效应、内光电效应及光生伏特效应。在光线的作用下,电子逸出物体表面的现象称为外光电效应。基于外光电效应的光电器件有光电管、光电倍增管等。在光线的作用下,物体的电阻率改变的现象称为内光电效应。基于内光电效应的光电器件有光敏电阻、光敏晶体管等。在光线的作用下,物体产生一定方向的电动势的现象称为光生伏特效应。基于光生伏特效应的光电器件有光电池等。

图 2-4-2　光电传感器

(二) 光电开关

光电传感器按输出量的性质不同可分两类,即模拟式光电传感器和脉冲(开关)式光电传感器(简称光电开关)。模拟式光电传感器是将被测量转换成连续变化的光电流,光电流与被测量之间呈单值关系。

我们这里主要讲一下光电开关。

1. 光电开关概述

光电开关是光电传感器的一种,它把发射端和接收端之间光的强弱变化转化为电流的变化,以达到探测的目的。由于光电开关输出回路和输入回路是电隔离(即电绝缘)的,所以光电开关可以在许多场合得到应用。

2. 红外光电开关

常用的光电开关是红外光电开关。红外光电开关利用物体对近红外线光束的反射原理,根据同步回路感应反射回来的光的强弱检测物体的存在与否。红外光电开关发出近红外线光束,近红外线光束到达或透过物体或镜面时发生反射,红外光电开关接收反射回来的光束,根据光束的强弱判断物体是否存在。红外光电开关的种类也非常多,如有镜面反射式红外光电开关、漫反射式红外光电开关、槽式红外光电开关、对射式红外光电开关、光纤式红外光电开关等。

不同的场合常使用不同的红外光电开关。例如,在电磁振动供料器上经常使用光纤式红外光电开关,在间歇式包装机包装膜的供送中经常使用漫反射式红外光电开关,在连续式高速包装机中经常使用槽式红外光电开关。

红外光电开关检测方法如图 2-4-3 所示。

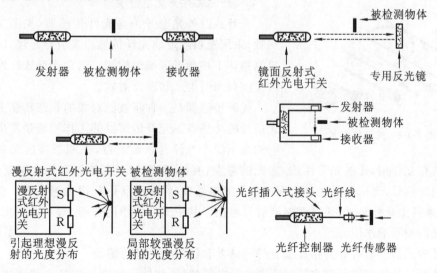

图 2-4-3　红外光电开关检测方法

1）对射式红外光电开关

对射式红外光电开关由发射器和接收器组成。在结构上,发射器和接收器相互分离。在光束被中断的情况下,对射式红外光电开关会产生一个开关信号变化。位于同一轴线上的对射式红外光电开关可以相互分开 50 m。

对射式红外光电开关的特征是:辨别不透明的反光物体;光束仅跨越感应距离一次,有效距离大;不易受干扰,可以可靠地用于野外或者有灰尘的环境中;装置的消耗高,发射器和接收器都必须敷设电缆。

2）漫反射式红外光电开关

漫反射式红外光电开关发射光束时,目标产生漫反射,发射器和接收器构成单个的标准部件,当有足够的组合光返回接收器时,开关状态发生变化。漫反射式红外光电开关作用距离的典型值一般不大于 3 m。

漫反射式红外光电开关的特征是:有效作用距离由目标的反射能力、目标表面的性质和颜色决定;装配开支较小,当开关由单个元件组成时,通常可以实现粗定位;使用背景抑制功能调节测量距离;对目标上的灰尘敏感和对目标变化了的反射性能敏感。

3）镜面反射式红外光电开关

镜面反射式红外光电开关也由发射器和接收器构成,发射器发出的光束被在对面的反射镜反射,即返回接收器,当光束被中断时会产生一个开关信号的变化。镜面反射式红外光电开关光的通过时间是两倍的信号持续时间,有效作用距离为 0.1～20 m。

镜面反射式红外光电开关的特征是:辨别不透明的物体;借助反射镜部件,形成大的有效距离范围;不易受干扰,可以可靠地用于野外或者有灰尘的环境中。

4）槽式红外光电开关

槽式红外光电开关通常采用标准的 U 字形结构,发射器和接收器分别位于 U 形槽的两边,并形成一光轴,当被检测物体经过 U 形槽且阻断光轴时,槽式红外光电开关便检测到开关量信号。槽式红外光电开关比较安全可靠,适合用于检测高速的变化、分辨透明与半透明物体。

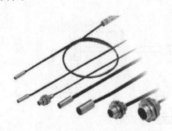

图 2-4-4　光纤传感器

5）光纤式红外光电开关

光纤式红外光电开关是光纤传感器(见图 2-4-4)的一种,采用塑料或玻璃光纤传感器来引导光线,以实现被检测物体不在相近区域的检测。通常光纤式红外光电开关又细分为对射式和漫反射式。

光纤传感器是一种将被测对象的状态转变为可测的光信号的传感器。光纤传感器的工作原理是将由光源入射的光束经由光纤送入调制器,在调制器内光束与外界被测参数相互作用,光的光学性质,如光的强度、波长、频率、相位、偏振态等发生变化,形成被调制的光信号,光信号再经过光纤被送入光电器件,经解调器后获得被测参数。在整个过程中,光束经由光纤导入,通过调制器后再射出。其中光纤的作用有两个,一是传输光束,二是起到光调制器的作用。

光纤传感器一般可分为物性型光纤传感器和结构型光纤传感器。

物性型光纤传感器利用光纤对环境变化的敏感性,将输入物理量变换为调制的光信号。

它的工作原理是基于光纤的光调制效应。基于光纤的光调制效应即当外界环境因素,如温度、压力、电场、磁场等改变时,光纤的传光特性,如相位与光强,会发生变化的现象。因此,如果能测出通过光纤的光相位、光强变化,就可以知道被测物理量的变化。物性型光纤传感器又被称为敏感元件型光纤传感器或功能型光纤传感器。

结构型光纤传感器是由光检测元件(敏感元件)与光纤传输回路及测量电路所组成的测量系统。光纤在结构型光纤传感器中仅作光的传播媒质,所以结构型光纤传感器又称为传光型光纤传感器或非功能型光纤传感器。

光纤传感器按调制方式可分为强度调制型、偏振调制型、相位调制型、波长调制型。其中相位调制型光纤传感器又称为光纤温度传感器。相位调制型光纤传感器的工作原理是:激光器的点光源光束扩散为平行波,平行波经分光器分为两路,一路为基准光路,另一路为测量光路。外界参数(温度、压力、振动等)引起光纤长度的变化和光相位的变化,从而产生不同数量的干涉条纹,对它的模向移动进行计数,就可测量温度。

二、决策计划

本任务的决策计划是:确定工作组织方式,划分工作阶段,讨论设计、安装及调试工艺流程和工作计划,分配工作任务,组织实施,验收评价。

三、实施过程

(一)设计、安装电气系统

1. PLC 的 I/O 口分配

PLC 的 I/O 口分配表如表 2-4-1 所示。

表 2-4-1　任务 2.4 PLC 的 I/O 口分配表

输入			输出		
PLC 接口	元器件	作用	PLC 接口	元器件	作用
I0.0	SB1	使三相异步电动机停止运转	Q0.0	KM1	控制 KM1 交流接触器线圈
I0.1	SB2	启动三相异步电动机	Q0.1	KM2	控制 KM2 交流接触器线圈
I0.2	FR1	控制热继电器辅助常开触点	Q0.2	KM3	控制 KM3 交流接触器线圈
I0.3	FR2	控制热继电器辅助常开触点			
I0.4	FR3	控制热继电器辅助常开触点			

2. 电气系统图设计

根据 PLC 的 I/O 口分配表,设计三台三相异步电动机顺序启动控制的电气系统图,如图 2-4-5 所示。

3. 安装元器件,连接电路

根据图 2-4-5 安装元器件,并连接电路。

安装该电气系统前,应准备好安装使用的工具、材料、设备和技术资料,具体清单如表 2-4-2 所示,并做好工作现场和技术资料的管理工作。

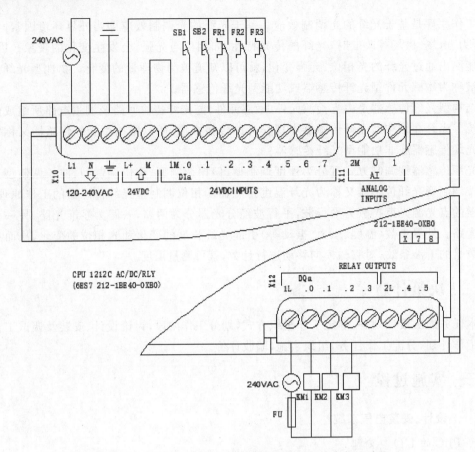

图 2-4-5　三台三相异步电动机顺序启动控制的电气系统图

表 2-4-2　三台三相异步电动机顺序启动控制系统安装所需器材清单

类别	名称
工具	电工钳、斜口钳、剥线钳、压线钳、一字螺丝刀、十字螺丝刀、万用表
材料	多股铜芯线(BV-0.75)、冷压头、安装板、线槽、自攻钉
设备	空气开关、开关电源(24 V)、按钮(2 个)、热继电器(3 个)、交流接触器(3 个)、西门子 S7-1200 PLC、下载网线
技术资料	电气系统图、工作计划表、PLC 编程手册、相关电气安装标准手册

4. 检查电路

一般情况下,每接完一个电路,都要对电路进行一次必要的检查,以免出现严重的损坏。电路具体检查项目如下。

(1) 电路里有无短路现象。

(2) PLC 所连接的电压及正负极是否正确。

(3) 负载电压及正负极是否正确。

(二) 编写 PLC 程序

(1) 设置三台三相异步电动机顺序启动控制 PLC 变量表,如图 2-4-6 所示。

(2) 编写三台三相异步电动机顺序启动控制 PLC 程序,如图 2-4-7 所示。

	名称	数据类型	地址	保持	可从...	从 H...	在 H...	注释
1	SB1（停止按钮）	Bool	%I0.0	☐	☑	☑	☑	
2	SB2（启动按钮）	Bool	%I0.1	☐	☑	☑	☑	
3	FR1热继电器辅助常开触点	Bool	%I0.2	☐	☑	☑	☑	
4	FR2热继电器辅助常开触点	Bool	%I0.3	☐	☑	☑	☑	
5	FR3热继电器辅助常开触点	Bool	%I0.4	☐	☑	☑	☑	
6	KM1（交流接触器线圈）	Bool	%Q0.0	☐	☑	☑	☑	
7	KM2（交流接触器线圈）	Bool	%Q0.1	☐	☑	☑	☑	
8	KM3（交流接触器线圈）	Bool	%Q0.2	☐	☑	☑	☑	
9	M0.0中间继电器	Bool	%M0.0	☐	☑	☑	☑	
10	<新增>			☐	☑	☑	☑	

图 2-4-6　三台三相异步电动机顺序启动控制 PLC 变量表

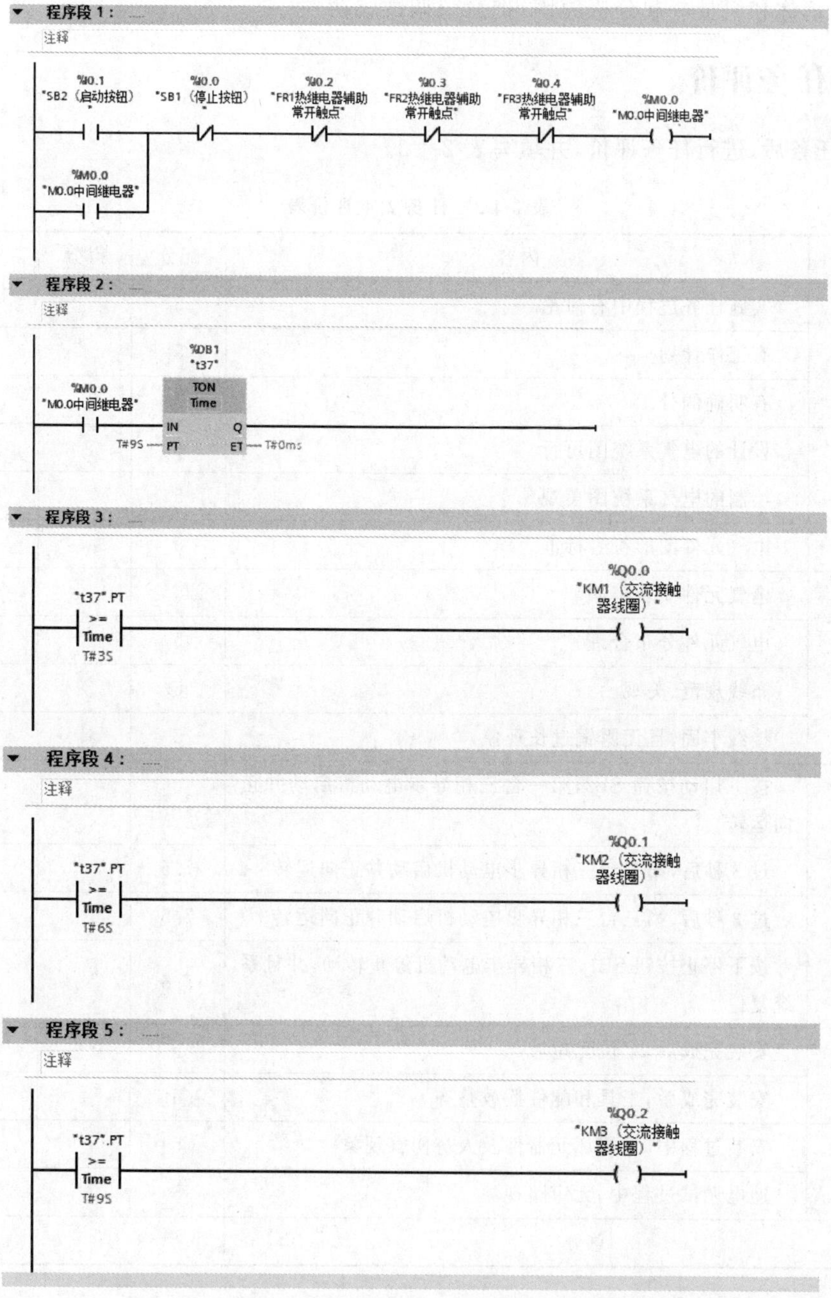

图 2-4-7　三台三相异步电动机顺序启动控制 PLC 程序

(3) 按图 2-4-7,或者按自己的方法编写完 PLC 程序后,把 PLC 程序下载到 PLC。

(三)调试系统

(1) 按下启动按钮 SB2,第一台三相异步电动机启动并正向运转。

(2) 过 3 秒后,第二台三相异步电动机启动并正向运转。

(3) 过 3 秒后,第三台三相异步电动机启动并正向运转。

(4) 按下停止按钮 SB1,三相异步电动机停止转动,并且系统复位。

如果调试时你的系统有以上现象,恭喜你完成了任务。如果调试时你的系统没有出现以上现象,请你和组员一起分析原因,把系统调试成功。

四、任务评价

完成任务后,进行任务评价,并填写表 2-4-3。

表 2-4-3　任务 2.4 评价表

项目	内容	配分	得分	备注
团队合作	实施任务过程中有讨论	5		
	有工作计划	5		
	有明确的分工	5		
设计电气系统图	设计的电气系统图可行	5		
	绘制的电气系统图美观	5		
	电气元件图形符号标准	5		
安装电气系统	电气元件安装牢固	5		
	电气元件分布合理	5		
	布线规范、美观	5		
	接线牢固,且无露铜过长现象	5		
控制功能	按下启动按钮 SB2,第一台三相异步电动机启动并正向运转	7.5		
	过 3 秒后,第二台三相异步电动机启动并正向运转	7.5		
	过 3 秒后,第三台三相异步电动机启动并正向运转	7.5		
	按下停止按钮 SB1,三相异步电动机停止转动,并且系统复位	7.5		
6S 管理	安装完成后,工位无垃圾	5		
	安装完成后,工具和配件摆放整齐	5		
安全事项	安装过程中,无损坏元器件及人身伤害现象	5		
	通电调试过程中,无短路现象	5		
总分				

◀ 任务 2.5 三相异步电动机 Y-△降压启动控制系统 ▶

【任务描述】

请使用西门子 S7-1200 PLC 制作一个三相异步电动机 Y-△降压启动控制系统,用以控制一台三相异步电动机(额定电压是交流 380 V)的 Y-△降压启动。该电气系统必须具有必要的短路保护、过载保护等功能。对该电气系统的控制要求如下。

(1) 按下启动按钮 SB2,三相异步电动机以星形接法启动并运转。

(2) 过 5 秒后,三相异步电动机停止星形运转,然后以三角形接法运转。

(3) 按下停止按钮 SB1,三相异步电动机停止转动,并且系统复位。

请你和组员一起设计并安装该电气系统,编写 PLC 程序,下载并调试 PLC 程序。

三相异步电动机 Y-△降压启动的继电器-接触器控制电气原理图如图 2-5-1 所示,请使用西门子 S7-1200 PLC 对它进行改造。

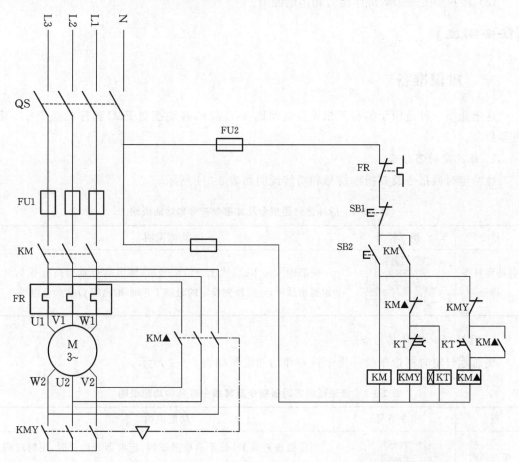

图 2-5-1 三相异步电动机 Y-△降压启动的继电器-接触器控制电气原理图

【任务目标】

知识目标：

（1）了解 PLC 驱动各种电压等级负载的方法。

（2）掌握西门子 S7-1200 PLC 定时器指令的使用。

（3）能运用专业知识分析故障现象，判断出故障的大概范围。

能力目标：

（1）通过查阅资料，能设计出一个三相异步电动机 Y-△降压启动控制的电气系统图。

（2）通过学习本任务，能够在规定的时间内编写及调试一个三相异步电动机 Y-△降压启动控制 PLC 程序。

（3）能够排除调试过程中出现的故障。

素质目标：

（1）养成按国家标准或行业标准从事专业技术活动的职业习惯。

（2）提升学生综合运用专业知识的能力，培养学生精益求精的工匠精神。

（3）培养学生的团队协作能力和沟通能力。

【任务实施】

一、知识准备

这里介绍一种适用于编写三相异步电动机 Y-△降压启动控制 PLC 程序的指令——定时器指令。

1. 脉冲定时器指令

脉冲定时器指令及其指令符号和功能说明如表 2-5-1 所示。

表 2-5-1　脉冲定时器指令及其指令符号和功能说明

指令	指令符号	功能说明
脉冲定时器指令	TP Time —IN　　Q— —PT　　ET—	使能输入端 IN 输入上升沿信号后，输出端 Q 输出高电平 1，开始输出脉冲，达到预先设定的时间 PT 时，输出端 Q 变为低电平 0

2. 接通延时定时器指令

接通延时定时器指令及其指令符号和功能说明如表 2-5-2 所示。

表 2-5-2　接通延时定时器指令及其指令符号和功能说明

指令	指令符号	功能说明
接通延时定时器指令	TON Time —IN　　Q— —PT　　ET—	当使能输入端 IN 处于高电平 1 时，定时器开始计时，定时时间大于或等于预先设定的时间 PT 时，输出端 Q 由低电平 0 变为高电平 1，已耗时间 ET 保持不变

3. 断开延时定时器指令

断开延时定时器指令及其指令符号和功能说明如表 2-5-3 所示。

表 2-5-3　断开延时定时器指令及其指令符号和功能说明

指令	指令符号	功能说明
断开延时定时器指令	TOF Time —IN　　　Q— —PT　　　ET—	当使能输入端 IN 处于高电平 1 时,输出端 Q 变为高电平 1,已耗时间 ET 处于 0 状态;当使能输入端 IN 由高电平 1 变为低电平 0 时,定时器开始计时,当计时时间大于或等于设定值 PT 值时,输出端 Q 变为 0 状态,已耗时间保持不变

4. 保持型接通延时定时器指令

保持型接通延时定时器指令及其指令符号和功能说明如表 2-5-4 所示。

表 2-5-4　保持型接通延时定时器指令及其指令符号和功能说明

指令	指令符号	功能说明
保持型接通延时定时器指令	TONR Time —IN　　　Q— —R　　　ET— —PT	当使能输入端 IN 处于高电平 1 时,开始计时;当使能输入端 IN 断开时,已经计数的时间值 T1 保持不变;当下一次使能输入端 IN 处于高电平 1 时,从已经计数的时间值 T1 开始增加,当若干次计时时间和($T_1+T_2+\cdots$)等于或大于预先设定的时间 PT 时,输出端 Q 由低电平 0 变为高电平 1

二、决策计划

由上述控制要求可知,发出命令的元器件分别为启动按钮、停止按钮和热继电器的触点,它们作为 PLC 的输入量;执行命令的元器件是 3 个交流接触器,通过交流接触器可将和三相异步电动机接成星形或三角形,交流接触器的不同组合实现三相异步电动机的星形启动和三角形启动。继电器-接触器控制系统用时间继电器实现启动时间的延时,用 PLC 控制三相异步电动机的降压启动控制时是否还需要时间继电器呢? 在各种型号的 PLC 中都有类似时间继电器功能的软元件定时器,所以不另外需要时间继电器。

PLC 能实现不同时间分辨力的定时,而且定时时间范围较大,能满足不同场合下定时之用。

本任务的决策计划是:确定工作组织方式,划分工作阶段,讨论设计、安装及调试工艺流程和工作计划,分配工作任务,组织实施,验收评价。

三、实施过程

(一)设计、安装电气系统

1. PLC 的 I/O 口分配

PLC 的 I/O 口分配表如表 2-5-5 所示。

表 2-5-5　任务 2.5 PLC 的 I/O 口分配表

输入			输出		
PLC 接口	元器件	作用	PLC 接口	元器件	作用
I0.0	SB1	使三相异步电动机停止运转	Q0.0	KM1	控制 KM1 交流接触器线圈
I0.1	SB2	启动三相异步电动机	Q0.1	KM2	控制 KM2 交流接触器线圈
I0.2	FR	控制热继电器辅助常开触点	Q0.2	KM3	控制 KM3 交流接触器线圈

2. 电气系统图设计

根据 PLC 的 I/O 口分配表,设计三相异步电动机 Y-△降压启动控制的电气系统图,如图 2-5-2 所示。

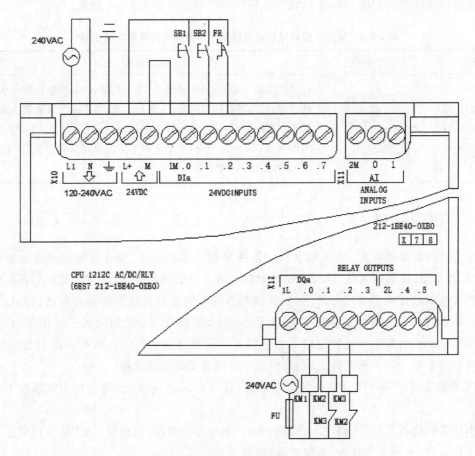

图 2-5-2　三相异步电动机 Y-△降压启动控制的电气系统图

3. 安装元器件,连接电路

根据图 2-5-2 安装元器件,并连接电路。

安装该电气系统前,应准备好安装使用的工具、材料、设备和技术资料,具体清单如表 2-5-6所示,并做好工作现场和技术资料的管理工作。

表 2-5-6   三相异步电动机 Y-△降压启动控制系统安装所需器材清单

类别	名称
工具	电工钳、斜口钳、剥线钳、压线钳、一字螺丝刀、十字螺丝刀、万用表
材料	多股铜芯线(BV-0.75)、冷压头、安装板、线槽、自攻钉
设备	空气开关、开关电源(24 V)、按钮(2 个)、热继电器(1 个)、交流接触器(3 个)、西门子 S7-1200 PLC、下载网线
技术资料	电气系统图、工作计划表、PLC 编程手册、相关电气安装标准手册

4．检查电路

一般情况下,每接完一个电路,都要对电路进行一次必要的检查,以免出现严重的损坏。电路具体检查项目如下。

(1)电路里有无短路现象。

(2)PLC 所连接的电压及正负极是否正确。

(3)负载电压及正负极是否正确。

(二)编写 PLC 程序

(1)设置三相异步电动机 Y-△降压启动控制 PLC 变量表,如图 2-5-3 所示。

	名称	数据类型	地址	保持	可从 ...	从 H...	在 H...	注释
	SB1(停止按钮)	Bool	%I0.0	☐	☑	☑	☑	
	SB2(启动按钮)	Bool	%I0.1	☐	☑	☑	☑	
	FR热继电器辅助常开触点	Bool	%I0.2	☐	☑	☑	☑	
	KM1交流接触器线圈	Bool	%Q0.0	☐	☑	☑	☑	
	KM2交流接触器线圈	Bool	%Q0.1	☐	☑	☑	☑	
	KM3交流接触器线圈	Bool	%Q0.2	☐	☑	☑	☑	
	中间继电器	Bool	%M0.0	☐	☑	☑	☑	
	<新增>			☐	☑	☑	☑	

变量表_1

图 2-5-3   三相异步电动机 Y-△降压启动控制 PLC 变量表

(2)编写三相异步电动机 Y-△降压启动控制 PLC 程序,如图 2-5-4 所示。

(3)按图 2-5-4,或者按自己的方法编写完 PLC 程序后,把 PLC 程序下载到 PLC。

(三)调试系统

(1)按下启动按钮 SB2,三相异步电动机以星形接法启动并运转。

(2)过 5 秒后,三相异步电动机停止星形运转,然后以三角形接法运转。

(3)按下停止按钮 SB1,三相异步电动机停止转动,并且系统复位。

如果调试时你的系统有以上现象,恭喜你完成了任务。如果调试时你的系统没有出现以上现象,请你和组员一起分析原因,把系统调试成功。

四、任务评价

完成任务后,进行任务评价,并填写表 2-5-7。

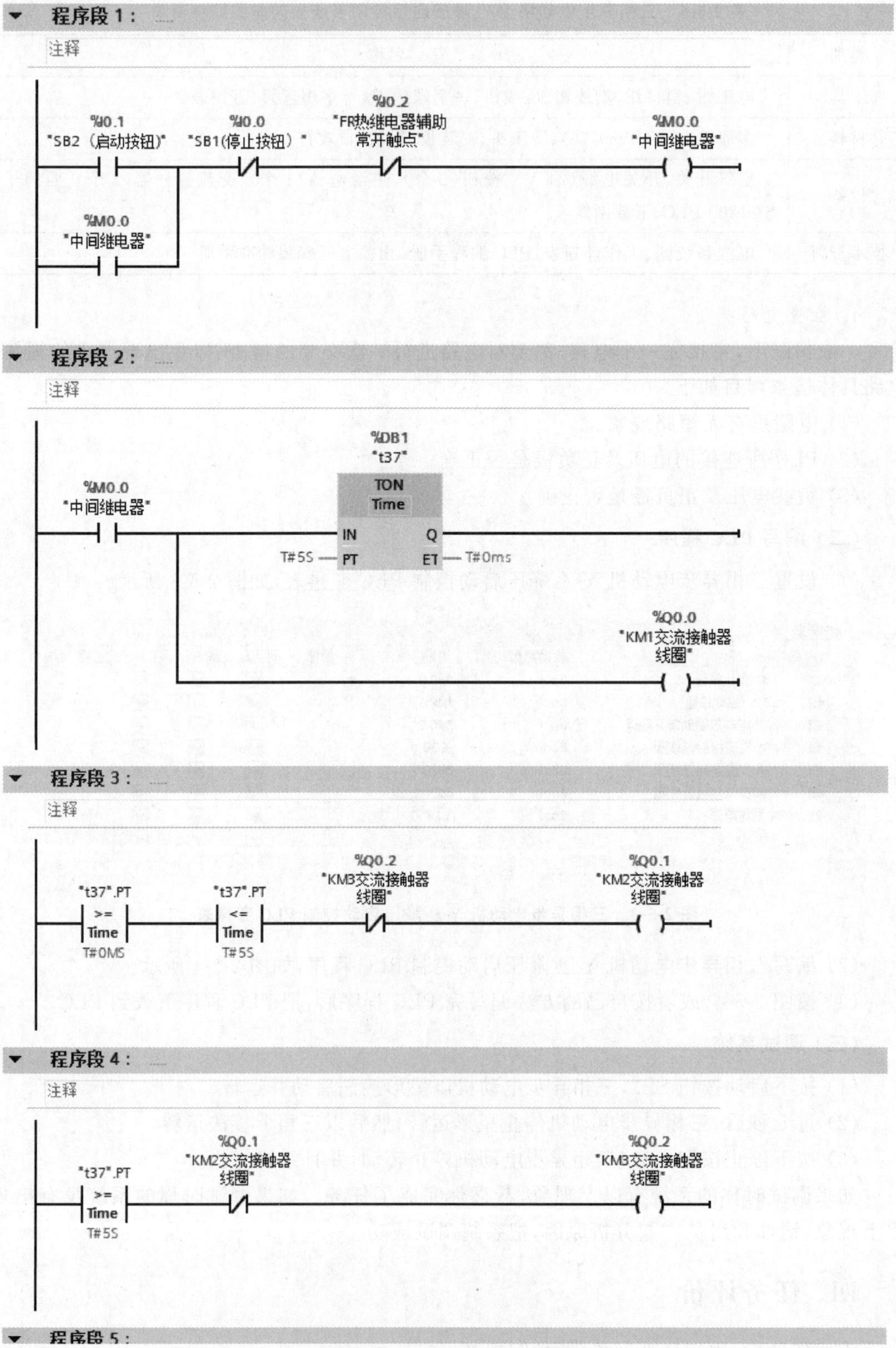

▼ 程序段 1：
注释

```
    %I0.1              %I0.0           %I0.2                              %M0.0
"SB2（启动按钮）"   "SB1(停止按钮)"   "FR热继电器辅助                    "中间继电器"
                                      常开触点"
    ─┤ ├─────┬────────┤/├────────────┤/├──────────────────────────────( )─
             │
    %M0.0    │
  "中间继电器"│
    ─┤ ├─────┘
```

▼ 程序段 2：
注释

```
                              %DB1
                              "t37"
    %M0.0                  ┌──TON──┐
  "中间继电器"             │  Time │
    ─┤ ├──────────────────┤IN    Q├──────────────────────────────────────
                     T#5S──┤PT   ET├── T#0ms
                          └───────┘
                                                        %Q0.0
                                                    "KM1交流接触器
                                                       线圈"
                                          ─────────────────( )─
```

▼ 程序段 3：
注释

```
    "t37".PT           "t37".PT         %Q0.2              %Q0.1
                                    "KM3交流接触器     "KM2交流接触器
     >=                 <=              线圈"              线圈"
    ─┤Time├────────────┤Time├──────────┤/├──────────────( )─
     T#0MS              T#5S
```

▼ 程序段 4：
注释

```
    "t37".PT            %Q0.1              %Q0.2
                    "KM2交流接触器     "KM3交流接触器
     >=                 线圈"              线圈"
    ─┤Time├────────────┤/├──────────────( )─
     T#5S
```

▼ 程序段 5：

图 2-5-4　三相异步电动机 Y-△降压启动控制 PLC 程序

表 2-5-7　任务 2.5 评价表

项目	内容	配分	得分	备注
团队合作	实施任务过程中有讨论	5		
	有工作计划	5		
	有明确的分工	5		
设计电气系统图	设计的电气系统图可行	5		
	绘制的电气系统图美观	5		
	电气元件图形符号标准	5		
安装电气系统	电气元件安装牢固	5		
	电气元件分布合理	5		
	布线规范、美观	5		
	接线牢固,且无露铜过长现象	5		
控制功能	按下启动按钮 SB2,三相异步电动机以星形接法启动并运转	10		
	过 5 秒后,三相异步电动机停止星形运转,然后以三角形接法运转	10		
	按下停止按钮 SB1,三相异步电动机停止转动,并且系统复位	10		
6S 管理	安装完成后,工位无垃圾	5		
	安装完成后,工具和配件摆放整齐	5		
安全事项	安装过程中,无损坏元器件及人身伤害现象	5		
	通电调试过程中,无短路现象	5		
总分				

◀ 任务 2.6　两台三相异步电动机控制隧道排风系统 ▶

【任务描述】

　　请使用西门子 S7-1200 PLC 制作两台三相异步电动机控制隧道排风系统,以用两台三相异步电动机(额定电压是交流 380 V)控制隧道排风。该电气系统必须具有必要的短路保护、过载保护等功能。对该电气系统的控制要求如下。

　　(1) 按下启动按钮 SB2,第一台三相异步电动机启动运转,过 10 秒后,第一台三相异步电动机停止运转。

　　(2) 第一台三相异步电动机停止转动后,第二台三相异步电动机启动运转,过 10 秒后,第二台三相异步电动机停止转动。

　　(3) 如此循环 3 次,然后自动停止。

（4）按下停止按钮 SB1，两台三相异步电动机停止转动，并且系统复位。

请你和组员一起设计并安装该电气系统，编写 PLC 程序，下载并调试 PLC 程序。

两台三相异步电动机控制隧道排风的继电器-接触器控制电气原理图如图 2-6-1 所示，请使用西门子 S7-1200 PLC 对其进行改造。

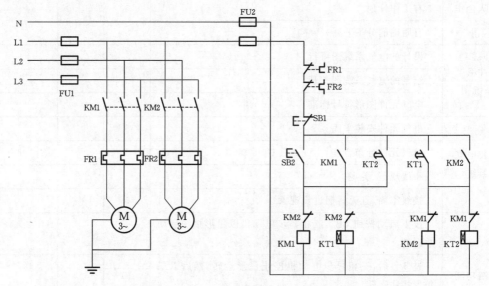

图 2-6-1   两台三相异步电动机控制隧道排风的继电器-接触器控制电气原理图

【任务目标】

知识目标：

（1）了解 PLC 驱动各种电压等级负载的方法。

（2）掌握西门子 S7-1200 PLC 计数器指令的使用。

（3）能运用专业知识分析故障现象，判断出故障的大概范围。

能力目标：

（1）通过查阅资料，能设计出两台三相异步电动机控制隧道排风的电气系统图。

（2）通过学习本任务，能够在规定的时间内编写及调试一个两台三相异步电动机控制隧道排风 PLC 程序。

（3）能够排除调试过程中出现的故障。

素质目标：

（1）养成按国家标准或行业标准从事专业技术活动的职业习惯。

（2）提升学生综合运用专业知识的能力，培养学生精益求精的工匠精神。

（3）培养学生的团队协作能力和沟通能力。

【任务实施】

一、知识准备

这里介绍一种适用于编写两台三相异步电动机控制隧道排风 PLC 程序的指令——计数器指令。

1. 加计数器指令

加计数器指令及其指令符号和功能说明如表 2-6-1 所示。

表 2-6-1　加计数器指令及其指令符号和功能说明

指令	指令符号	功能说明
加计数器指令	CTU UInt —CU　　Q— —R　　CV— —PV	在 CU 端输入脉冲上升沿，计数器的当前值增 1 计数。当前值（CV）大于或等于预置值（PV）时，计数器 Q 端输出高电平 1。当复位输入端（R 端）输入高电平 1 时，计数器状态位复位（置 0），当前计数值 CV 复位回零

2. 减计数器指令

减计数器指令及其指令符号和功能说明如表 2-6-2 所示。

表 2-6-2　减计数器指令及其指令符号和功能说明

指令	指令符号	功能说明
减计数器指令	CTD UInt —CD　　Q— —LOAD　CV— —PV	复位输入端（LOAD 端）为高电平 1 时，计数器把预置值（PV）装入当前值存储器（CV）；当复位输入端为低电平 0 时，CD 端输入脉冲上升沿，计数器的当前值（CV）从预置值（PV）开始递减计数，当前值 CV 大于 0 时，计数器输出端（Q 端）输出低电平 0；当前值 CV 等于或小于 0 时，计数器输出端输出高电平 1

3. 加减计数器指令

加减计数器指令及其指令符号和功能说明如表 2-6-3 所示。

表 2-6-3　加减计数器指令及其指令符号和功能说明

指令	指令符号	功能说明
加减计数器	CTUD UInt —CU　　QU— —CD　　QD— —R　　CV— —LOAD —PV	CU 输入端用于递增计数，CD 输入端用于递减计数。指令执行时，CU 端计数脉冲的上升沿使当前值 CV 增 1 计数；当前值 CV 大于或等于计数器预置值（PV）时，计数器输出端 QU 端输出高电平 1，输出端 QD 端输出低电平 0。CD 端计数脉冲的上升沿使当前值 CV 减 1 计数，当前值 CV 小于或等于 0 时，计数器输出端 QU 端输出高电平 1，输出端 QD 端输出低电平 0。当复位输入端（R 端）输入高电平 1 时，当前值 CV 恢复为 0；当复位输入端（LOAD 端）为高电平 1 时，计数器把预置值（PV）装入当前值存储器（CV）

二、决策计划

由上述控制要求可知，发出命令的元器件分别为启动按钮、停止按钮和热继电器的触点，它们作为 PLC 的输入量；执行命令的元器件是两个交流接触器，通过两个交流接触器的主触点，可将两台三相异步电动机接通运转，从而实现三相异步电动机的运行控制，两个交流接触器的线圈作为 PLC 的输出量。在工业现场应用中，常需要电动机断续运行，如工业洗衣机、物料搅拌器等。按下启动按钮，第一台三相异步电动机启动并运转 10 s，然后停止运转，第二台三相异步电动机启动并运转 10 s，如此为一个工作循环周期，循环 3 次结束。如何对此工作循环进行计数呢？可通过计数器指令来进行计数。

本任务的决策计划是:确定工作组织方式,划分工作阶段,讨论设计、安装及调试工艺流程和工作计划,分配工作任务,组织实施,验收评价。

三、实施过程

(一)设计、安装电气系统

1. PLC 的 I/O 口分配

PLC 的 I/O 口分配表如表 2-6-4 所示。

表 2-6-4　任务 2.6 PLC 的 I/O 口分配表

输入			输出		
PLC 接口	元器件	作用	PLC 接口	元器件	作用
I0.0	SB1	使三相异步电动机停止运转	Q0.0	KM1	控制 KM1 交流接触器线圈
I0.1	SB2	启动三相异步电动机	Q0.1	KM2	控制 KM2 交流接触器线圈
I0.2	FR1	控制热继电器辅助常开触点			
I0.3	FR2	控制热继电器辅助常开触点			

2. 电气系统图设计

根据 PLC 的 I/O 口分配表,设计两台三相异步电动机控制隧道排风的电气系统图,如图 2-6-2 所示。

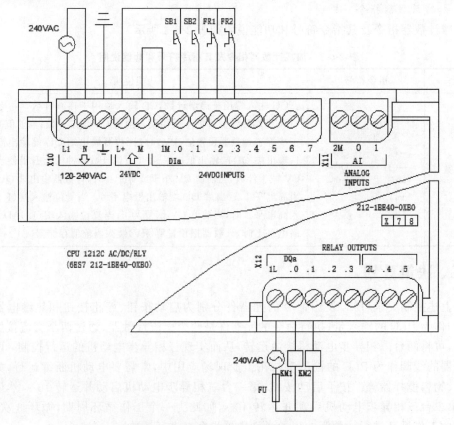

图 2-6-2　两台三相异步电动机控制隧道排风的电气系统图

3. 安装元器件,连接电路

根据图 2-6-2 安装元器件,并连接电路。

安装该电气系统前,应准备好安装使用的工具、材料、设备和技术资料,具体清单如表 2-6-5 所示,并做好工作现场和技术资料的管理工作。

表 2-6-5　两台三相异步电动机控制隧道排风系统安装所需器材清单

类别	名称
工具	电工钳、斜口钳、剥线钳、压线钳、一字螺丝刀、十字螺丝刀、万用表
材料	多股铜芯线(BV-0.75)、冷压头、安装板、线槽、自攻钉
设备	空气开关、开关电源(24 V)、按钮(2 个)、热继电器(2 个)、交流接触器(2 个)、西门子 S7-1200 PLC、下载网线
技术资料	电气系统图、工作计划表、PLC 编程手册、相关电气安装标准手册

4. 检查电路

一般情况下,每接完一个电路,都要对电路进行一次必要的检查,以免出现严重的损坏。电路具体检查项目如下。

(1) 电路里有无短路现象。

(2) PLC 所连接的电压及正负极是否正确。

(3) 负载电压及正负极是否正确。

(二) 编写 PLC 程序

(1) 设置两台三相异步电动机控制隧道排风 PLC 变量表,如图 2-6-3 所示。

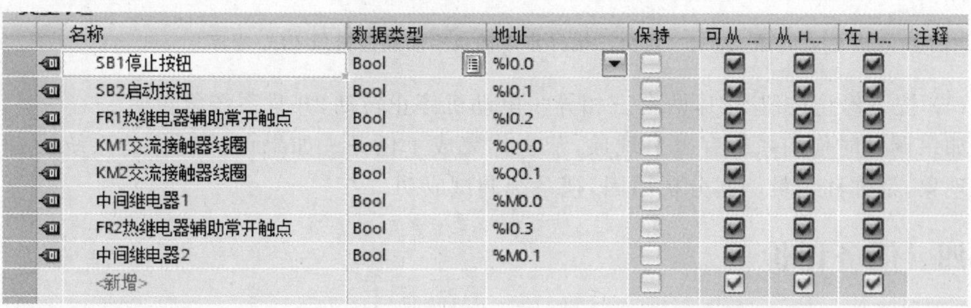

名称	数据类型	地址	保持	可从...	从 H...	在 H...	注释
SB1停止按钮	Bool	%I0.0		✓	✓	✓	
SB2启动按钮	Bool	%I0.1		✓	✓	✓	
FR1热继电器辅助常开触点	Bool	%I0.2		✓	✓	✓	
KM1交流接触器线圈	Bool	%Q0.0		✓	✓	✓	
KM2交流接触器线圈	Bool	%Q0.1		✓	✓	✓	
中间继电器1	Bool	%M0.0		✓	✓	✓	
FR2热继电器辅助常开触点	Bool	%I0.3		✓	✓	✓	
中间继电器2	Bool	%M0.1		✓	✓	✓	
<新增>				✓	✓	✓	

图 2-6-3　两台三相异步电动机控制隧道排风 PLC 变量表

(2) 编写两台三相异步电动机控制隧道排风 PLC 程序,如图 2-6-4 所示。

(3) 按图 2-6-4,或者按自己的方法编写完 PLC 程序后,把 PLC 程序下载到 PLC。

(三) 调试系统

(1) 按下启动按钮 SB2,第一台三相异步电动机启动运转,过 10 s 后,第一台三相异步电动机停止运转。

(2) 第一台三相异步电动机停止转动后,第二台三相异步电动机启动运转,过 10 s 后,第二台三相异步电动机停止转动。

(3) 如此循环 3 次,然后自动停止。

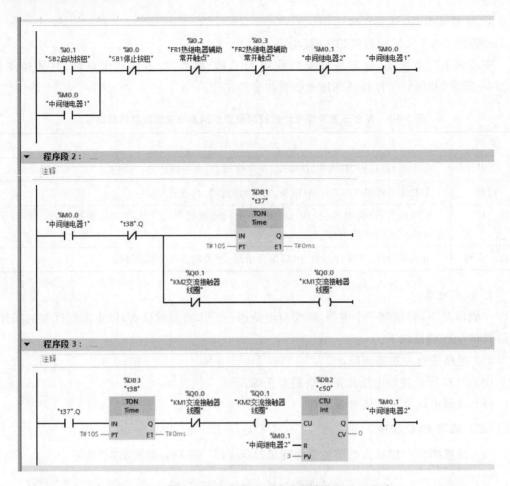

图 2-6-4　两台三相异步电动机控制隧道排风 PLC 程序

（4）按下停止按钮 SB1，两台三相异步电动机停止转动，并且系统复位。

如果调试时你的系统有以上现象，恭喜你完成了任务。如果调试时你的系统没有出现以上现象，请你和组员一起分析原因，把系统调试成功。

四、任务评价

完成任务后，进行任务评价，并填写表 2-6-6。

表 2-6-6　任务 2.6 评价表

项目	内容	配分	得分	备注
团队合作	实施任务过程中有讨论	5		
	有工作计划	5		
	有明确的分工	5		
设计电气系统图	设计的电气系统图可行	5		
	绘制的电气系统图美观	5		
	电气元件图形符号标准	5		

项目	内容	配分	得分	备注
安装电气系统	电气元件安装牢固	5		
	电气元件分布合理	5		
	布线规范、美观	5		
	接线牢固,且无露铜过长现象	5		
控制功能	按下启动按钮 SB2,第一台三相异步电动机启动运转,过 10 秒后,第一台三相异步电动机停止运转	5		
	第一台三相异步电动机停止转动后,第二台三相异步电动机启动运转,过 10 秒后,第二台三相异步电动机停止转动	5		
	如此循环 3 次,然后自动停止	10		
	如果按下停止按钮 SB1,两台三相异步电动机停止转动,并且系统复位	10		
6S 管理	安装完成后,工位无垃圾	5		
	安装完成后,工具和配件摆放整齐	5		
安全事项	安装过程中,无损坏元器件及人身伤害现象	5		
	通电调试过程中,无短路现象	5		
总分				

西门子 S7-1200 PLC 的进阶应用

◀ **任务 3.1　西门子 S7-1200 PLC 的数据类型与表示** ▶

【任务描述】

　　数据类型一般用于表述数据的长度和属性,西门子 S7-1200 PLC 指令参数定义支持不同的数据类型,因此学生应掌握 PLC 基本数据类型的格式和取值范围。

【任务目标】

　　知识目标:
　　(1) 了解西门子 S7-1200 PLC 支持的数据类型的格式和取值范围。
　　(2) 掌握西门子 S7-1200 PLC 支持的数据类型的表达方式。
　　能力目标:
　　(1) 能够准确在西门子 S7-1200 PLC 中写入不同长度的数据。
　　(2) 能够按照一定的控制要求去定义相关数据的属性。
　　素质目标:
　　(1) 使学生掌握专业理论基础知识,培养理论与实践相结合的高素质人才。
　　(2) 培养学生的团队协作能力和沟通能力。

【任务实施】

一、知识准备

　　西门子 S7-1200 PLC 支持的数据类型及其格式、位数和取值范围如表 3-1-1 所示。

表 3-1-1　西门子 S7-1200 PLC 支持的数据类型及其格式、位数和取值范围

数据类型	格式	位数	取值范围
布尔数	位(Bool)	1 位	ON(1);OFF(0)
无符号整数	字节(Byte)	8 位	16#00～16#FF
	字(Word)	16 位	16#0000～16#FFFF
	双字(DWord)	32 位	16#00000000～16#FFFFFFFF
有符号整数	整数(Int)	16 位	−32 768～32 767
	双整数(DInt)	32 位	−2 147 483 648～2 147 483 647

二、决策计划

本任务的决策计划是:确定工作组织方式,划分工作阶段,讨论设计、安装及调试工艺流程和工作计划,分配工作任务,组织实施,验收评价。

三、实施过程

PLC 的数据存储器跟我们的鞋柜(见图 3-1-1)很相似。

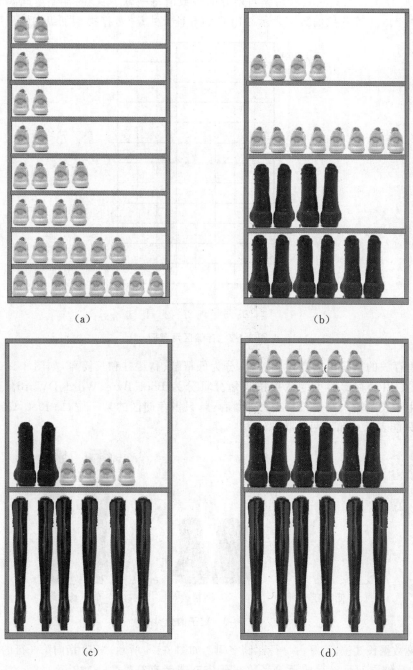

(a)   (b)

(c)   (d)

图 3-1-1 鞋柜

图 3-1-1(a)所示鞋柜的每一层都很矮,只适合存放低帮鞋,图 3-1-1(b)所示鞋柜的每一层都比图 3-1-1(a)中的鞋柜高,可以存放高帮鞋和低帮鞋,图 3-1-1(c)所示鞋柜的每一层都很高,可以存放长筒靴、高帮鞋和低帮鞋;图 3-1-1(d)所示鞋柜按照长筒靴、高帮鞋和低帮鞋的高度去调节隔板,使每一种鞋子都有一个合适的存放空间。

通过对比发现:在同样大小的鞋柜里,根据存储对象的大小去分层,便能实现存储情况最优化。

如图 3-1-2 所示,把存储区按二维空间划分为若干个小存储单元。其中横向划分为八列,编码地址为 0、1、2、3、4、5、6、7;纵向划分的行数由每一款 PLC 的存储空间决定,编码地址也用 0、1、2、3、4 等阿拉伯数字表示。PLC 的寻址方式是"数据类型加纵向编码"。

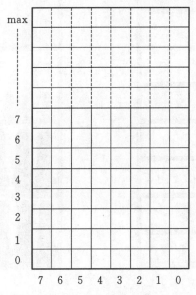

图 3-1-2　存储区示意图

鞋柜里存放的鞋子根据高矮不一样,分为低帮鞋、高帮鞋和长筒靴,如图 3-1-3 所示。对应地,存储在 PLC 存储器里的数据按长短分可分为 Bool、Byte、Word、DWord。其中,Bool 型数据多用于表示输入口、输出口和 M 继电器,只占存储区的某一位,如 I0.0,Q0.2,Q0.6,M5.3 等,只能表示 0 和 1 两种状态。

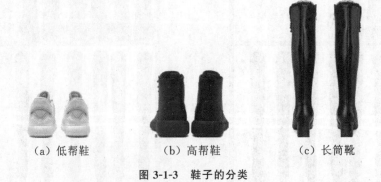

（a）低帮鞋　　　　　（b）高帮鞋　　　　　（c）长筒靴

图 3-1-3　鞋子的分类

Byte 型数据长 8 位,正好占一行存储空间。如图 3-1-4 所示,MB2 指向第 3 行的存储空间。8 位的存储空间可以存放无符号数 0 至 255,或者有符号数 -128 至 127。

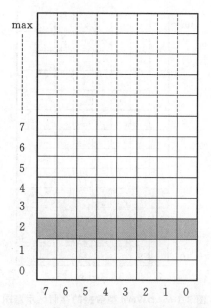

图 3-1-4 **Byte 型数据的存储区示意图**

Word 型数据长 16 位,正好占两行存储空间。如图 3-1-5 所示,MW2 指向第 3 行和第 4 行的存储空间。

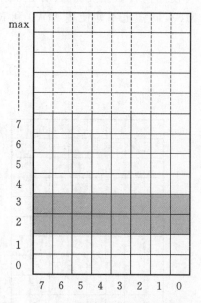

图 3-1-5 **Word 型数据的存储区示意图**

16 位的存储空间可以存放无符号数 0 至 65 535,或者有符号数 $-32\,768$ 至 $32\,767$。Word 型数据的编码采用偶数方式,如 MW0,MW2,MW4,…,而不用 MW1,MW3,MW5,…。

DWord 型数据长 32 位,正好占四行存储空间。如图 3-1-6 所示,MD0 指向第 1、2、3、4 行的存储空间。

32 位的存储空间可以存放有符号数 $-2\,147\,483\,648$ 至 $2\,147\,483\,647$,$2\,147\,483\,647$ 对于程序来说是天文数据了。一般情况下,程序中不会有这么大的数据出现,所以不必关注 DWord 型数据的最大值。

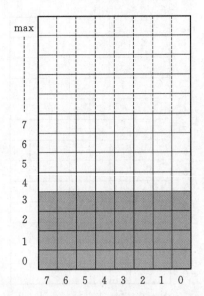

图 3-1-6　DWord 型数据的存储区示意图

　　根据行业习惯,DWord 型数据的编码采用 4 的整数倍方式,如 MD0,MD4,MD8,MD12,…,而不用 MD1,MD6,MD,…。

　　在这里值得注意的是:不管使用何种数据类型,存储区域不能重复使用。例如,使用了 MD0,就不能再使用 MB0 至 MB3,同样也不能使用 MW0 和 MW2,否则,该存储区的数据将会出错。

【扩展提高】

　　PLC 的存储区示意图如图 3-1-7 所示。

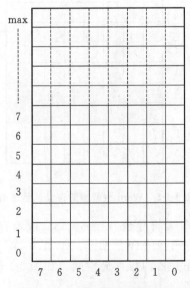

图 3-1-7　PLC 的存储区示意图

　　(1) M0.3 指向行编号为_____、列编号为_____的存储空间,M1.0 指向行编号为_____、列编号为_____的存储空间,M6.7 指向行编号为_____、列编号为_____

的存储空间。

（2）MB2 指向行编号为_____的存储空间，MB4 指向行编号为_____的存储空间，MB5 指向行编号为_____的存储空间。

（3）MW2 指向行编号为_____、_____的存储空间。

（4）MW4 指向行编号为_____、_____的存储空间。

（5）MD0 指向行编号为_____、_____、_____、_____的存储空间。

（6）MD4 指向行编号为_____、_____、_____、_____的存储空间。

◀ 任务 3.2 使用传送指令控制三台电动机运行 ▶

【任务描述】

在之前的学习任务中，我们想要将 PLC 的某个输出口置 1，通常采用的指令有两种，一种是输出线圈指令，另一种是置位指令。我们发现，这两种指令一次只能操作 PLC 的一个输出口，有没有一种指令一次可以操作几个输出口，并且可以让这些输出口不一样呢？答案是有。下面以控制三台电动机运行的案例来学习传送指令。

制作一个 PLC 控制三台小功率异步电动机运行的电气系统，控制要求如下。

（1）按下运行模式 1 启动按钮 SB1，电动机 M1 启动并持续运行。

（2）按下运行模式 2 启动按钮 SB2，电动机 M1、M2 同时启动并持续运行。

（3）按下运行模式 3 启动按钮 SB3，电动机 M1、M2、M3 同时启动并持续运行。

（4）按停止按钮 SB0，所有电动机停止运转。

【任务目标】

知识目标：

（1）了解 PLC 驱动各种电压等级负载的方法。

（2）掌握西门子 S7-1200 PLC 数据传送指令和顺序功能图。

（3）能运用专业知识分析故障现象，判断出故障的大概范围。

能力目标：

（1）通过查阅资料，能设计出控制三台小功率异步电动机运行的电气系统图。

（2）根据控制要求，能通过数据传送指令设计控制三台异步电动机的顺序功能图。

（3）通过学习本任务，能够编写及调试 PLC 程序。

素质目标：

（1）使学生熟练掌握专业理论基础知识，培养理论与实践相结合的高素质人才。

（2）培养学生的团队协作能力和沟通能力。

【任务实施】

一、知识准备

数据传送（MOVE）指令如图 3-2-1 所示，"IN"为数据输入端口，"OUT1"为数据输出寻址端口，输入和输出可以是 8 位、16 位

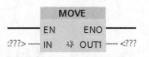

图 3-2-1 MOVE 指令

或者 32 位的数据。

二、决策计划

本任务的决策计划是:确定工作组织方式,划分工作阶段,讨论设计、安装及调试工艺流程和工作计划,分配工作任务,组织实施,验收评价。

三、实施过程

(一)分配 PLC 的 I/O 口

分析任务得知:该系统需要四个输入点和三个输出点。四个输入点分别是:运行模式 1 的启动按钮 SB1,接 I0.1;运行模式 2 的启动按钮 SB2,接 I0.2;运行模式 3 的启动按钮 SB3,接 I0.3;停止按钮 SB0,接 I0.0。三个输出点分别是:驱动 M1 的接触器 KM1,接 Q0.1;驱动 M2 的接触器 KM2,接 Q0.2;驱动 M3 的接触器 KM3,接 Q0.3。PLC 的 I/O 口分配表如表 3-2-1所示。

表 3-2-1　任务 3.2 PLC 的 I/O 口分配表

输入			输出		
PLC 接口	元器件	作用	PLC 接口	元器件	作用
I0.0	SB0	用作停止按钮	Q0.1	KM1	控制 M1
I0.1	SB1	用作启动按钮 1	Q0.2	KM2	控制 M2
I0.2	SB2	用作启动按钮 2	Q0.3	KM3	控制 M3
I0.3	SB3	用作启动按钮 3			

(二)设计主电路和控制电路

设计的主电路和控制电路如图 3-2-2 所示。

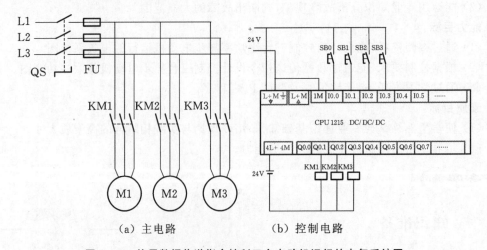

(a)主电路　　　　　(b)控制电路

图 3-2-2　使用数据传送指令控制三台电动机运行的电气系统图

（三）设计顺序功能图

设计的顺序功能图如图 3-2-3 所示。

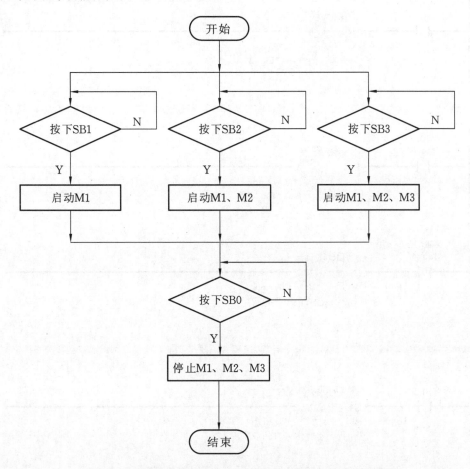

图 3-2-3 使用数据传送指令控制三台电动机运行的顺序功能图

（四）编写 PLC 程序

编写的 PLC 程序如图 3-2-4 所示。

（五）监控 PLC

按下 SB1，I0.1 闭合，第一个数据传送指令把十六进制的 02 传送给 Q0.0 到 Q0.7，这时 Q0.1 为 1，其他为 0，电动机 M1 得电运行。

按下 SB2，I0.2 闭合，第二个数据传送指令把十六进制的 06 传送给 Q0.0 到 Q0.7，这时 Q0.1 和 Q0.2 为 1，其他为 0，电动机 M1、M2 得电运行。

按下 SB3，I0.3 闭合，第三个数据传送指令把十六进制的 0E 传送给 Q0.0 到 Q0.7，这时 Q0.1、Q0.2 和 Q0.3 为 1，其他为 0，电动机 M1、M2、M3 得电运行。

按下 SB0，I0.0 闭合，第四个数据传送指令把十六进制的 00 传送给 Q0.0 到 Q0.7，这时，所有的输出口为 0，所有的电动机停止运转。

如果以上调试均正常，恭喜你成功了。

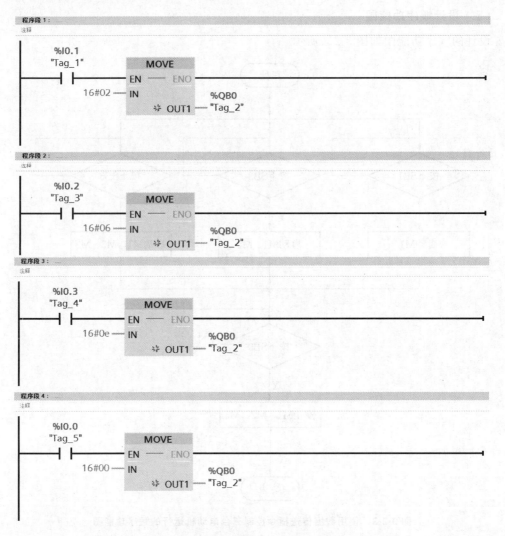

图 3-2-4　使用数据传送指令控制三台电动机运行的 PLC 程序

四、任务评价

完成任务后,进行任务评价,并填写表 3-2-2。

表 3-2-2　任务 3.2 评价表

项目	内容	配分	得分	备注
团队合作	实施任务过程中有讨论	5		
	有工作计划	5		
	有明确的分工	5		
设计电气系统图	设计的电气系统图可行	5		
	绘制的电气系统图美观	5		
	电气元件图形符号标准	5		

续表

项目	内容	配分	得分	备注
安装电气系统	电气元件安装牢固	5		
	电气元件分布合理	5		
	布线规范、美观	5		
	接线牢固,且无露铜过长现象	5		
控制功能	按 SB1,电动机 M1 启动并持续运行	10		
	按 SB2,电动机 M1、M2 同时启动并持续运行	10		
	按 SB3,电动机 M1、M2、M3 同时启动并持续运行	10		
6S 管理	安装完成后,工位无垃圾	5		
	安装完成后,工具和配件摆放整齐	5		
安全事项	安装过程中,无损坏元器件及人身伤害现象	5		
	通电调试过程中,无短路现象	5		
总分				

【扩展提高】

(1) 二进制数 2♯0100 0001 1000 0101 对应的十六进制数是 16♯_____。

(2) 二进制数 2♯1111 1111 1010 0101 对应的十进制数是 10♯_____。

(3) Q1.2 是过程映像输出字节_____的第_____位。

(4) MW4 由 MB_____和 MB_____组成,MB_____是它的高位字节。

(5) MD100 由 MW_____和 MW_____组成,MB_____是它的低位字节。

◀ 任务 3.3 西门子 S7-1200 PLC 的程序结构 ▶

【任务描述】

在西门子 S7-1200 PLC 的编程中,采用了块的概念(见图 3-3-1),也就是 FC 和 FB,并且将程序分解为独立的、自成体系的各个部件。块类似于子程序,但类型更多,功能更强大。

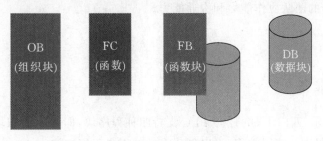

图 3-3-1 块的概念

如图 3-3-2 所示,工业自动化生产设备比较复杂,控制程序往往也非常庞大和复杂,采用块的概念便于设计和理解大规模程序。程序人员也可以设计标准化的块程序,并重复调用块程序。

图 3-3-2　工控现场

【任务目标】

知识目标:

(1) 了解 PLC 程序块。

(2) 掌握 FC 和 FB 的调用结构。

(3) 掌握库指令的添加。

能力目标:

(1) 通过实践,能使用块的编程方式。

(2) 通过学习本任务,能够实现库指令的添加。

(3) 能够排除调试过程中出现的故障。

素质目标:

(1) 养成按国家标准或行业标准从事专业技术活动的职业习惯。

(2) 提升学生综合应用专业知识的能力,培养学生精益求精的工匠精神。

(3) 培养学生的团队协作能力和沟通能力。

【任务实施】

一、知识准备

如表 3-3-1 所示,西门子 S7-1200 PLC 支持四种程序块,即 OB(组织块)、FC(函数)、FB(函数块)、DB(数据块),使用它们,可以创建有效的用户程序结构。

表 3-3-1 西门子 S7-1200 PLC 支持的程序块及其描述

程序块	描述
组织块（OB）	由操作系统调用，决定程序的结构
函数块（FB）	是具有存储器的程序块，可将值存储在背景数据块中，即使在执行完成后，这些值仍然有效
函数（FC）	是具有不带存储器的程序块
数据块（DB）	存储用户数据的区域，分为全局数据块和背景数据块

二、决策计划

本任务的决策计划是：确定工作组织方式，划分工作阶段，讨论设计、安装及调试工艺流程和工作计划，分配工作任务，组织实施，验收评价。

三、实施过程

如图 3-3-3 所示，当一个程序块调用另一个程序块时，CPU 会执行被调用程序块中的程序代码，执行完后，CPU 会继续执行调用程序块。

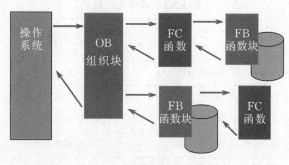

图 3-3-3 程序块的调用

程序块也可以嵌套调用，实现更加模块化的结构，使程序结构更加清晰明了、修改方便和调试简单。程序块的嵌套调用如图 3-3-4 所示。

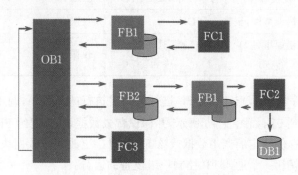

图 3-3-4 程序块的嵌套调用

操作系统对程序块的嵌套调用如图 3-3-5 所示。OB 是由操作系统调用的程序块，OB

对 CPU 中的特定事件做出响应,并可中断用户程序的执行,循环执行用户程序的默认组织块为 OB1,OB1 是唯一一个用户所必需的程序块,为用户程序提供了基本结构,而其他 OB 执行特定的功能。

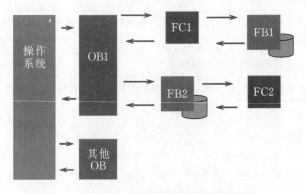

图 3-3-5　操作系统对程序块的嵌套调用

例如,处理启动任务,处理中断和错误,或特定的时间间隔,执行特定程序代码等,CPU 根据各个 OB 的优先级来确定中断事件的处理顺序,每个事件都具有一个特定的处理优先级,多个中断事件可合并为同一优先级等级。事件优先级如表 3-3-2 所示。

表 3-3-2　事件优先级

事件类型 (OB)	数量	有效 OB 编号	列队深度	优先组	优先级
程序循环	1 个程序循环事件,允许多个 OB	1(默认),200 或更大	1	1	1
启动	1 个启动事件,允许多个 OB	100(默认),200 或更大	1		1
延时	4 个延时事件,每个事件 1 个 OB	200 或更大	8	2	3
循环	4 个循环事件,每个事件 1 个 OB	200 或更大	8		4
沿	16 个上升沿事件,16 个下降沿事件,每个事件 1 个 OB	200 或更大	32		5
					6
HSC	6 个 CV＝PV 事件,6 个计数方向更改事件,6 个外部复位事件,每个事件 1 个 OB	200 或更大	16		9
诊断错误	1 个诊断错误事件,至多 1 个 OB	仅限 82	8		
时间错误事件	1 个时间错误事件,1 个 MaxCycle 时间事件,至多 1 个 OB	仅限 80	8	3	26

FB 是另一个程序块,如 OB、FB 或 FC 进行调用时执行的子程序,调用程序块将参数传递到 FB,如图 3-3-6 所示,并标识背景数据块,分配给 FB 的背景数据块可以存储特定的调用数据或该 FB 背景。更改背景数据块,可以很方便地实现使用一个通用 FB 控制一组设备的运行。

如图 3-3-7 所示,借助包含每个电动机(或阀门)的特定运行参数的不同背景数据块,一个 FB 可以控制多个电动机(或阀门),背景数据块会保存该 FB 在不同调用或连续调用情况下的值,以支持异步通信。

图 3-3-6　FB

FC 是另一个程序块,如 OB、FB 或 FC(见图 3-3-8)进行调用时执行的子程序。FC 不具有背景数据块,调用程序块将参数传递给 FC。如果用户程序的其他元素需要使用 FC 的输出值,则必须将这些值写入存储器地址或全局数据块中。

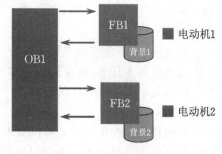

图 3-3-7　FB 的调用

如图 3-3-9 所示,可在用户程序中创建数据块,以存储程序块的数据,全局数据块(也称为共享数据块)中的数据、用户程序中的所有程序都可以被访问,而背景数据块仅用于存储特定函数块 FB 的数据,可以将数据块定义为当前只读。

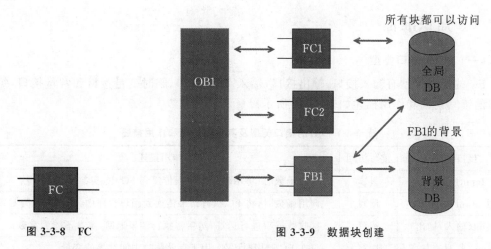

图 3-3-8　FC　　　　图 3-3-9　数据块创建

任务 3.4　基于 FC 的星三角降压启动系统

【任务描述】

当控制要求复杂时,逻辑关系变得相对复杂,编程难度也相对增大。这就要求我们掌握本次课的知识。结构化是可以轻松实现面向对象编程的一种重要手段。本次课,我们将通过一个实例给大家介绍 FC 的使用。

一台机器中有两台三相异步电动机,这两台三相异步电动机分别需要以星三角降压启动方式启动,按一下停止按钮,两台三相异步电动机同时停止。请你制作出该电气系统。

经过分析我们发现,两台三相异步电动机都采用星三角降压启动方式,启动过程是一样的,我们可以把星三角降压启动这部分程序放在一个 FC 中,作为一个子程序调用,这样能使所编制的程序结构化,增强程序的可读性。

【任务目标】

知识目标:
(1) 了解 FC 的接口区定义。
(2) 掌握 FC 的特点。

（3）掌握 FC 的选择。

能力目标：

（1）通过实践，学会使用带形式参数的 FC。

（2）通过学习本任务，能使用块的编程方式。

（3）能够完成标准化程序的设计。

素质目标：

（1）养成按国家标准或行业标准从事专业技术活动的职业习惯。

（2）提升学生综合运用专业知识的能力，培养学生精益求精的工匠精神。

（3）培养学生的团队协作能力和沟通能力。

【任务实施】

一、知识准备

（一）FC 的接口类型

FC 的接口类型有输入接口、输出接口、输入/输出接口、临时变量接口和常量接口，每种接口的读写访问和作用描述如表 3-4-1 所示。

表 3-4-1　FC 的接口类型及其读写访问和作用描述

接口类型	读写访问	作用描述
Input（输入）	只读	调用函数时，将用户程序数据传递到 FC 中，实参可以为常数
Output（输出）	读写	调用函数时，将 FC 执行结果传递到用户程序中，实参不能为常数
InOut（输入/输出）	读写	接收数据后进行运算，然后将执行结果返回，实参不能为常数
Temp（临时变量）	读写	仅在 FC 调用时生效，用于存储临时中间结果的变量
Constant（常量）	只读	声明常量符号名后，FC 中可以使用符号名代替常量

（二）接口区定义与梯形图的对应关系

打开 FC 后，在 FC 中可对 FC 的接口区进行定义，在 FC 接口区中可定义接口，如图 3-4-1 所示。

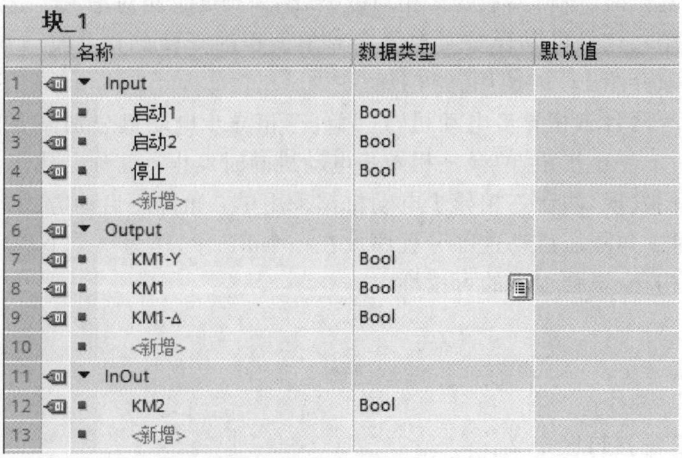

图 3-4-1　在 FC 接口区定义接口

（三）PLC 程序编写

变量建立完成以后，开始编写 PLC 程序，如图 3-4-2 所示。

▼ **程序段 1：** ——

注释

```
    #启动1      #停止                                    #KM1
 ┤ ├────────┤/├──────────────────────────────( )──

    #KM1                                       #"KM1-Y"
 ┤ ├───────────────────────────────────────────( )──
```

图 3-4-2　编写 PLC 程序示例

如图 3-4-2 所示，在程序里出现的变量前都自动出现"♯"号，而且在建立变量时并无"♯"号，那么带有"♯"号的便是形参。另外，在程序中会出现黄色字样的变量"♯KM1"，这里出现黄色警告是允许的，想要解除警告，只需将"KM1"变量声明为"InOut"即可，也就是实现"KM1"变量的可读、可写（输入/输出）。

二、决策计划

本任务的决策计划是：确定工作组织方式，划分工作阶段，讨论设计、安装及调试工艺流程和工作计划，分配工作任务，组织实施，验收评价。

三、实施过程

（一）电路设计

设计的电气系统如图 3-4-3 所示。

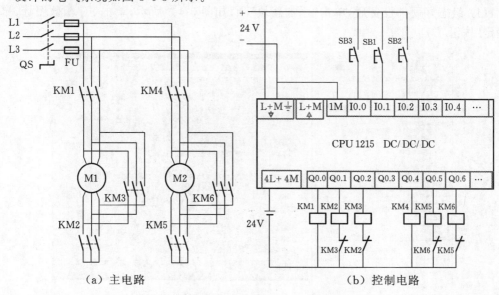

　　（a）主电路　　　　　　　　　　　　　　（b）控制电路

图 3-4-3　基于 FC 的星三角降压启动电气系统图

（二）PLC 的 I/O 口分配

经过分析得知：该系统需要三个输入点和六个输出点。具体的 I/O 口分配如表 3-4-2 所示。

表 3-4-2　任务 3.4 PLC 的 I/O 口分配表

输入			输出		
PLC 接口	元器件	作用	PLC 接口	元器件	作用
I0.1	SB1	启动 M1	Q0.0	KM1	控制 M1-KM
I0.2	SB2	启动 M2	Q0.1	KM2	控制 M1-KMY
I0.0	SB3	停止	Q0.2	KM3	控制 M1-KM△
			Q0.4	KM4	控制 M2-KM
			Q0.5	KM5	控制 M2-KMY
			Q0.6	KM6	控制 M2-KM△

（三）PLC 变量表的建立

建立 PLC 变量表，如图 3-4-4 所示。

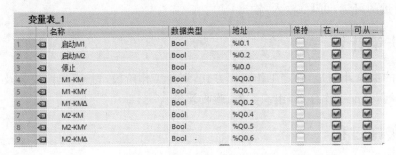

图 3-4-4　基于 FC 的星三角降压启动 PLC 变量表

（四）编写 PLC 程序

（1）组态好硬件设备后，单击"添加新块"项，如图 3-4-5 所示，单击 FC 函数图标，单击"确定"按钮。

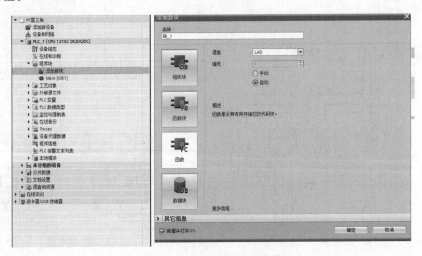

图 3-4-5　单击"添加新块"项（一）

（2）如图 3-4-6 所示，在新建的 FC 的程序接口中，建立所需要的形参。

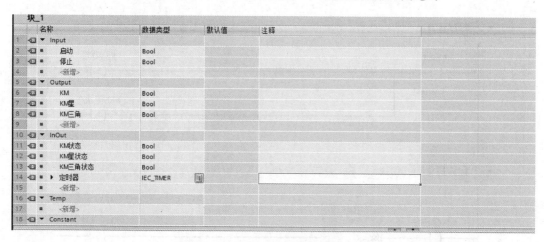

图 3-4-6　建立所需要的形参（一）

（3）如图 3-4-7 所示，在 FC 中编写星三角降压启动 PLC 程序，因为 FC 中不带 DB，所以在使用定时器时，在自动弹出的"调用选项"对话框中单击"取消"按钮。

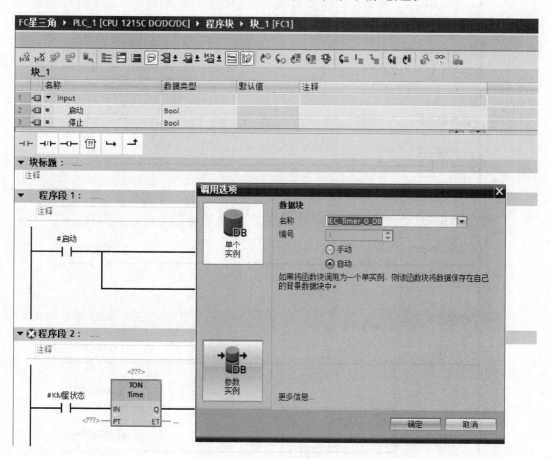

图 3-4-7　使用定时器

（4）在 FC 中编写星三角降压启动 PLC 程序，如图 3-4-8 所示。

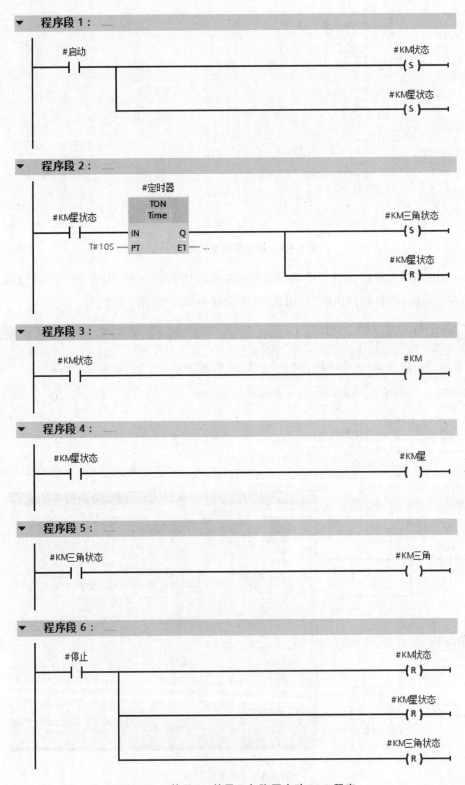

图 3-4-8　基于 FC 的星三角降压启动 PLC 程序

（5）如图 3-4-9 所示，在 FC 程序接口的输入/输出类型接口中，定义了一个定时器。

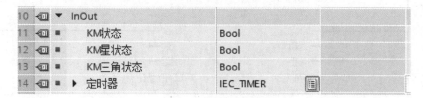

图 3-4-9 输入/输出类型接口

（6）如图 3-4-10 所示，在 Main 程序中使用 DB，类型是 IEC_TIMER。

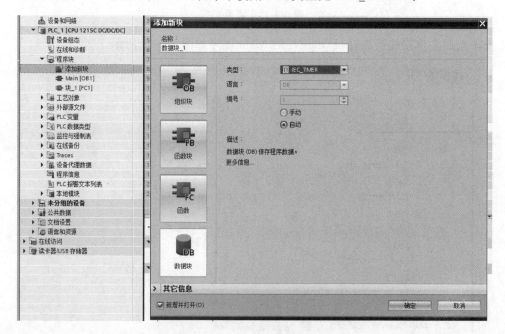

图 3-4-10 设置定时器接口类型

（7）由于有两台三相异步电动机，需要建立两个定时器的 DB。建立好的 DB 如图 3-4-11 所示。

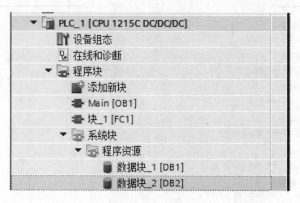

图 3-4-11 建立好的 DB

（8）如图 3-4-12 所示，在 Main 程序中调用 FC，把 FC 拖放到 Main 程序中。

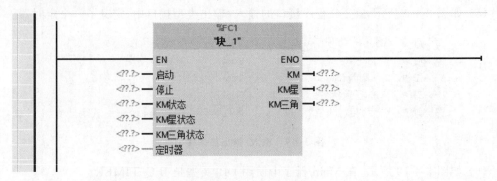

图 3-4-12 调用 FC

（9）按照 I/O 接线连接好接口，最终的 Main 程序如图 3-4-13 所示。

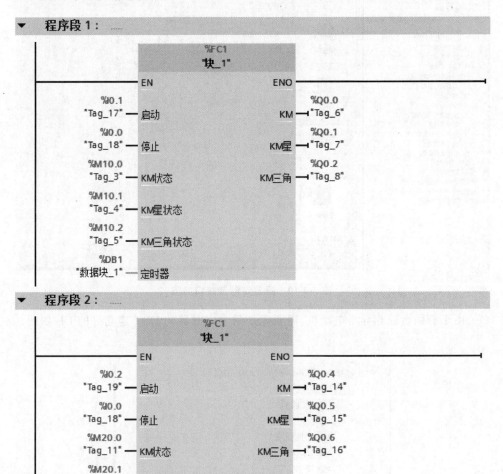

图 3-4-13 连接 FC

以上完成了使用 FC 编写两台三相异步电动机的星三角降压启动 PLC 程序。就这个简单的 PLC 程序而言,用 FC 复杂了一点。但是如果 FC 不是用于星三角降压启动,而是用于很复杂的控制呢? 或者,如果不是两台三相异步电动机,而是几百台三相异步电动机呢? 使用 FC 是不是就会很方便呢? 希望大家用心体会每一种编程方式的优缺点,合理地使用编程方式。

四、任务评价

完成任务后,进行任务评价,并填写表 3-4-3。

表 3-4-3　任务 3.4 评价表

项目	内容	配分	得分	备注
团队合作	实施任务过程中有讨论	5		
	有工作计划	5		
	有明确的分工	5		
设计电气系统图	设计的电气系统图可行	5		
	设计的顺序功能图可行	5		
	电气元件图形符号标准	5		
安装电气系统	电气元件安装牢固	5		
	电气元件分布合理	5		
	布线规范、美观	5		
	接线牢固,且无露铜过长现象	5		
控制功能	两台三相异步电动机分别以星三角降压启动方式启动	10		
	实现变量表监控	10		
	按下停止按钮,两台三相异步电动机马上停止运转	10		
6S 管理	安装完成后,工位无垃圾	5		
	安装完成后,工具和配件摆放整齐	5		
安全事项	安装过程中,无损坏元器件及人身伤害现象	5		
	通电调试过程中,无短路现象	5		
总分				

◀ 任务 3.5　基于 FB 的星三角降压启动系统 ▶

【任务描述】

在任务 3.4 中,我们学习了 FC 的运用,总结后会发现 FC 有以下特点。

(1) FC 不带背景 DB,它的数据只能通过 InOut 接口保存在全局变量、全局数据块、系统数据块中。

(2) 如果 FC 里用到数据块,就需要在外面建立 DB,用以存放相应的数据。

(3) InOut 接口会在指令中显示出来,如果接口数量多,则增加调用 FC 的复杂性。

FB 的接口类型比 FC 多了一种,即 Static,该接口类型不会生成外部接口,它在 DB 中有一个绝对的唯一地址。它能保存数据,具有 InOut 的长处,克服了 Temp 的不足。

在本次任务中,我们使用 FB 完成任务 3.4 的控制功能,看看 FB 是否能解决 FC 存在的以上问题。

【任务目标】

知识目标:

(1)掌握 FB 的特点。

(2)掌握 FB 的调用。

能力目标:

(1)通过实践,学会使用带形式参数的 FB。

(2)通过学习本任务,能使用块的编程方式。

(3)能够完成标准化程序的设计。

素质目标:

(1)养成按国家标准或行业标准从事专业技术活动的职业习惯。

(2)提升学生综合运用专业知识的能力,培养学生精益求精的工匠精神。

(3)培养学生的团队协作能力和沟通能力。

【任务实施】

一、决策计划

本任务的决策计划是:确定工作组织方式,划分工作阶段,讨论设计、安装及调试工艺流程和工作计划,分配工作任务,组织实施,验收评价。

二、实施过程

1. PLC 的 I/O 口分配

该系统需要三个输入点和六个输出点,具体如表 3-5-1 所示。

表 3-5-1 任务 3.5 PLC 的 I/O 口分配表

输入			输出		
PLC 接口	元器件	作用	PLC 接口	元器件	作用
I0.1	SB1	启动 M1	Q0.0	KM1	控制 M1-KM
I0.2	SB2	启动 M2	Q0.1	KM2	控制 M1-KMY
I0.0	SB3	停止	Q0.2	KM3	控制 M1-KM△
			Q0.4	KM4	控制 M2-KM
			Q0.5	KM5	控制 M2-KMY
			Q0.6	KM6	控制 M2-KM△

前文介绍过三相异步电动机主电路和控制电路的接线,这里不再赘述。

2. 编写 PLC 程序

(1)组态好硬件设备后,单击"添加新块"项,如图 3-5-1 所示,单击 FB 函数块图标,单击"确定"按钮。

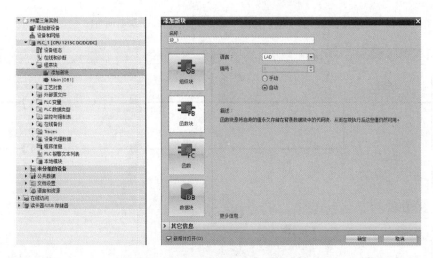

图 3-5-1　单击"添加新块"项(二)

(2) 如图 3-5-2 所示,在新建的 FB 的程序接口中,建立所需要的形参。注意,这次不定义在 InOut 类型中定义接口参数,而是在 Static 类型中定义接口参数。

图 3-5-2　建立所需要的形参(二)

(3) 如图 3-5-3 所示,在 FB 中编写星三角降压启动 PLC 程序。当使用定时器时,在自动弹出的"调用选项"对话框中单击"取消"按钮。

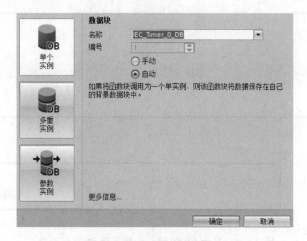

图 3-5-3　添加定时器

（4）在 FB 块中编写星三角降压启动 PLC 程序，如图 3-5-4 所示。

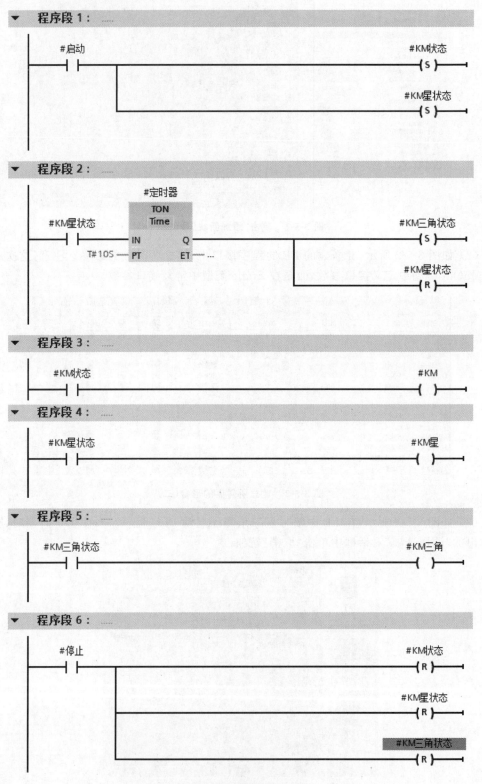

图 3-5-4　基于 FB 的星三角降压启动 PLC 程序

(5) 如图 3-5-5 所示,在 Main 程序中调用 FB,把 FB 块拖放到 Main 程序中,在弹出的"调用选项"对话框中单击"确定"按钮。

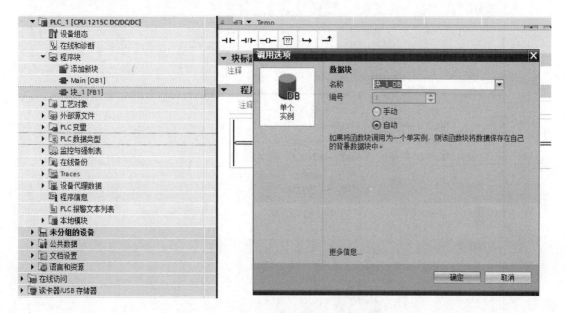

图 3-5-5　调用 FB

(6) 弹出调用 FB 的指令窗口,如图 3-5-6 所示。

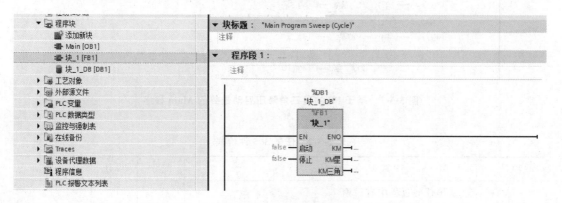

图 3-5-6　FB 的指令窗口

(7) 按照 I/O 接线连接好接口,最终的 Main 程序如图 3-5-7 所示。

以上完成了使用 FB 编写两台三相异步电动机星三角降压启动 PLC 程序。与 FC 相比,本身带背景 DB 的 FB 更加方便使用。但 FB 的背景 DB 和 Static 接口类型都是为了编写子程序而存在的。希望大家认真去体会 FC 和 FB 的优缺点,合理地使用 FC 和 FB,以提高编程的效率。

三、任务评价

完成任务后,进行任务评价,并填写表 3-5-2。

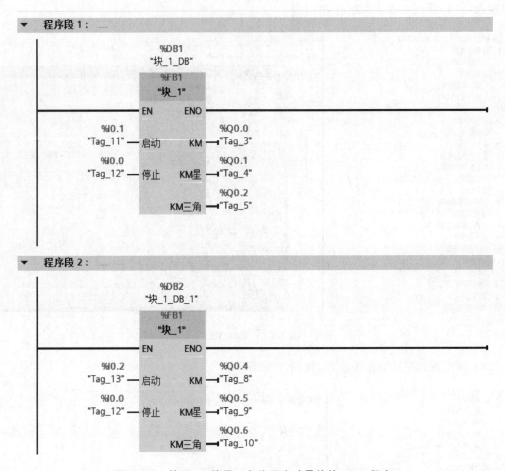

图 3-5-7　基于 FB 的星三角降压启动最终的 Main 程序

表 3-5-2　任务 3.5 评价表

项目	内容	配分	得分	备注
团队合作	实施任务过程中有讨论	5		
	有工作计划	5		
	有明确的分工	5		
设计电气系统图	设计的电气系统图可行	5		
	设计的顺序功能图可行	5		
	电气元件图形符号标准	5		
安装电气系统	电气元件安装牢固	5		
	电气元件分布合理	5		
	布线规范、美观	5		
	接线牢固,且无露铜过长现象	5		

项目	内容	配分	得分	备注
控制功能	两台三相异步电动机分别以星三角降压启动方式启动	10		
	实现变量表监控	10		
	按下停止按钮,两台三相异步电动机马上停止运转	10		
6S 管理	安装完成后,工位无垃圾	5		
	安装完成后,工具和配件摆放整齐	5		
安全事项	安装过程中,无损坏元器件及人身伤害现象	5		
	通电调试过程中,无短路现象	5		
总分				

【扩展提高】

(1) 以下接口类型表示什么意思?

Input:_____。

Output:_____。

InOut:_____。

Temp:_____。

Constant:_____。

(2) 在什么情况下应使用 FB?

(3) FB 和 FC 有什么区别?

◀ 任务 3.6 8 个彩灯简单控制系统 ▶

【任务描述】

使用 PLC 制作一个简单的 LED 彩灯控制系统,8 个 LED 彩灯排成一排,LED 彩灯的额定电压是直流 24 V,控制要求如下。

(1) 按下启动按钮 SB2,8 个 LED 彩灯从左至右轮流亮,每个 LED 彩灯亮 1 秒。

(2) 具有自动循环功能。

(3) 按下停止按钮 SB1,所有 LED 彩灯马上熄灭,并且系统复位。

请你和组员一起设计并安装该电气系统,编写 PLC 程序,下载并调试 PLC 程序。

【任务目标】

知识目标:

(1) 了解 PLC 驱动各种电压等级负载的方法。

(2) 掌握西门子 S7-1200 PLC 循环移位指令的使用。

（3）能运用专业知识分析故障现象，判断出故障的大概范围。

能力目标：

（1）通过查阅资料，设计出 8 个 LED 彩灯简单控制的电气系统图。

（2）通过学习本任务，能够在规定的时间内编写及调试 8 个 LED 彩灯简单控制程序。

（3）能够排除调试过程中出现的故障。

素质目标：

（1）养成按国家标准或行业标准从事专业技术活动的职业习惯。

（2）提升学生综合运用专业知识的能力，培养学生精益求精的工匠精神。

（3）培养学生的团队协作能力和沟通能力。

【任务实施】

一、知识准备

（一）移位指令

根据前文内容可知，要编写彩灯控制程序，我们会采用两种指令，一种是置位和复位指令；另一种是数据传送指令。我们发现，不管采用哪种指令，编写出来的程序体积都比较庞大，可读性也不强。这次课给大家介绍一种适用于编写彩灯控制程序的指令——移位指令。

西门子 S7-1200 PLC 移位指令有两大类，一类是移位指令，另一类是循环移位指令。移位指令有两个，即左移位指令和右移位指令，如图 3-6-1 所示。循环移位指令也有两个，即左循环移位指令和右循环移位指令，如图 3-6-2 所示。从字面理解，第二类比第一类多循环功能。

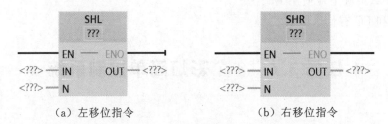

（a）左移位指令　　　　　　　（b）右移位指令

图 3-6-1　移位指令

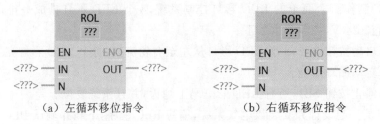

（a）左循环移位指令　　　　　（b）右循环移位指令

图 3-6-2　循环移位指令

这里以右循环移位指令为例介绍循环移位指令的使用。循环移位指令将参数 IN 的位序列循环移位，参数 N 指定移位的位数，结果送给参数 OUT。

单击循环移位指令下方的问号，可以选择数据类型，如图 3-6-3 所示。循环移位指令 IN 端和 OUT 端支持的数字类型是字、双字和字节。

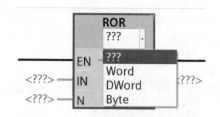

图 3-6-3 循环移位指令支持的数字类型

如图 3-6-4 所示,假如执行这条右循环移位指令一次,其中数据类型是字节,IN 端输入的数据是二进制的 01000011,移动 3 位,输出给 MB200。

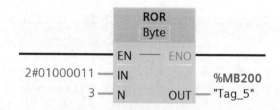

图 3-6-4 循环移位指令运用示例

指令执行示意图如图 3-6-5 所示,将二进制 01000011 循环右移三位,然后传送给 MB200。最后 MB200 的数值是 01101000。

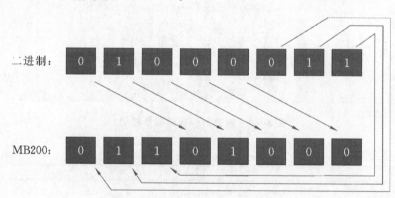

图 3-6-5 循环移位指令执行示意图

可见,我们使用右循环移位指令编写 LED 彩灯从左至右循环轮流亮的程序是非常方便的。

（二）时钟存储器指令

掌握右循环移位指令后,我们还需要解决在轮流点亮过程中每个 LED 彩灯亮 1 秒的程序编写问题。在西门子 S7-1200 PLC 中,使用时钟存储器指令能给我们带来很大的便利。接下来一起学习西门子 S7-1200 PLC 的时钟存储器指令。

（1）如图 3-6-6 所示,单击 PLC_1 的图片。

（2）如图 3-6-7 所示,在下方的窗口单击"属性""常规"标签,选择"系统和时钟存储器"。

（3）如图 3-6-8 所示,勾选"启用时钟存储器字节",地址是默认的 0。

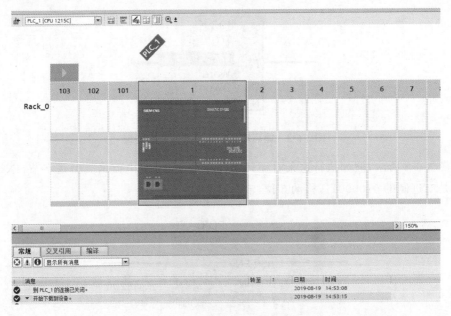

图 3-6-6　设置时钟存储器步骤（1）

图 3-6-7　设置时钟存储器步骤（2）

PLC_1 [CPU 1215C DC/DC/DC]

常规　IO 变量　系统常数　文本

- 常规
- PROFINET接口 [X1]
- DI 14/DQ 10
  - 常规
  - 数字量输入
  - 数字量输出
  - I/O 地址
  - 硬件标识符
- AI 2/AQ 2
- 高速计数器 (HSC)
- 脉冲发生器 (PTO/PWM)
- 启动
- 循环
- 通信负载
- 系统和时钟存储器
- Web 服务器
- 用户界面语言
- 时间

系统和时钟存储器

系统存储器位

☐ 启用系统存储器字节

系统存储器字节的地址 (MBx)：　1

首次循环：

诊断状态已更改：

始终为 1 (高电平)：

始终为 0 (低电平)：

时钟存储器位

☑ 启用时钟存储器字节

时钟存储器字节的地址 (MBx)：　0

10 Hz 时钟：　%M0.0 (Clock_10Hz)

图 3-6-8　设置时钟存储器步骤（3）

（4）如图 3-6-9 所示，M0.0 能发出 10 Hz 的时钟信号，M0.5 能发出 1 Hz 的时钟信号。我们使用 M0.5 触发右循环移位指令，便能实现在轮流点亮过程中每个 LED 彩灯亮 1 秒的功能。

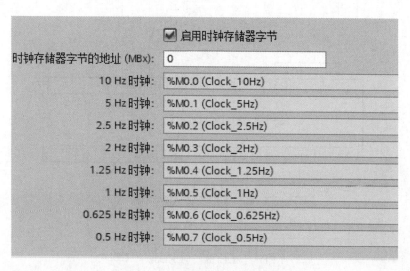

图 3-6-9　设置时钟存储器步骤（4）

二、决策计划

本任务的决策计划是：确定工作组织方式，划分工作阶段，讨论设计、安装及调试工艺流程和工作计划，分配工作任务，组织实施，验收评价。

三、实施过程

（一）设计、安装电气系统

1. PLC 的 I/O 口分配

PLC 的 I/O 口分配表如表 3-6-1 所示。

表 3-6-1　任务 3.6 PLC 的 I/O 口分配表

输入			输出		
PLC 接口	元器件	作用	PLC 接口	元器件	作用
I0.0	SB1	停止	Q0.0	LED1	控制 1 号彩灯
I0.1	SB2	启动	Q0.1	LED2	控制 2 号彩灯
			Q0.2	LED3	控制 3 号彩灯
			Q0.3	LED4	控制 4 号彩灯
			Q0.4	LED5	控制 5 号彩灯
			Q0.5	LED6	控制 6 号彩灯
			Q0.6	LED7	控制 7 号彩灯
			Q0.7	LED8	控制 8 号彩灯

2. 电气系统图设计

根据 PLC 的 I/O 口分配表设计电气系统图，如图 3-6-10 所示。

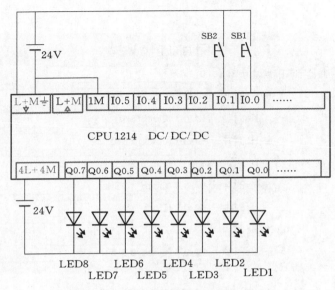

图 3-6-10　8 个彩灯简单控制的电气系统图

我们发现，PLC 实物输入/输出接口的排列方向与图 3-6-10 所示的方向不一致。这是因为我们在表达数据的时候，总是低位在右高位在左，但是西门子 S7-1200 PLC 输入/输出接口的分布正好相反。如果我们在排列 8 个 LED 彩灯的时候不把顺序调换过来，则运行右循环移位指令时看到的现象是左移，希望大家要理解清楚这个现象。

3. 安装元器件，连接电路

根据图 3-6-10 安装元器件，并连接电路。

安装该电气系统前，应准备好安装使用的工具、材料、设备和技术资料，具体清单如表 3-6-2 所示，并做好工作现场和技术资料的管理工作。

表 3-6-2　8 个彩灯简单控制系统所需器材清单

类别	名称及参考型号
工具	电工钳、斜口钳、剥线钳、压线钳、一字螺丝刀、十字螺丝刀、万用表
材料	多股铜芯线（BV-0.75）、冷压头、安装板、线槽、自攻钉
设备	空气开关、开关电源（24 V）、按钮（2 个）、24 V LED 彩灯（8 个）、西门子 S7-1200 PLC、下载网线
技术资料	电气系统图、工作计划表、PLC 编程手册、相关电气安装标准手册

4. 检查电路

一般情况下，每接完一个电路，都要对电路进行一次必要的检查，以免出现严重的损坏。电路具体检查项目如下。

（1）电路里有无短路现象。

（2）PLC 所连接的电压及正负极是否正确。

（3）负载电压及正负极是否正确。

（二）编写 PLC 程序

（1）设置 8 个彩灯简单控制 PLC 变量表，如图 3-6-11 所示。

		名称	数据类型	地址	保持	可从 …	从 H…	在 H…	注释
1		启动	Bool	%I0.1		✓	✓	✓	
2		停止	Bool	%I0.0		✓	✓	✓	
3		运行状态	Bool	%M10.0		✓	✓	✓	
4		输出	Byte	%QB0		✓	✓	✓	
5		<添加>				✓	✓	✓	

变量表_1

图 3-6-11 设置 8 个彩灯简单控制 PLC 变量表

（2）编写 PLC 程序，如图 3-6-12 所示。

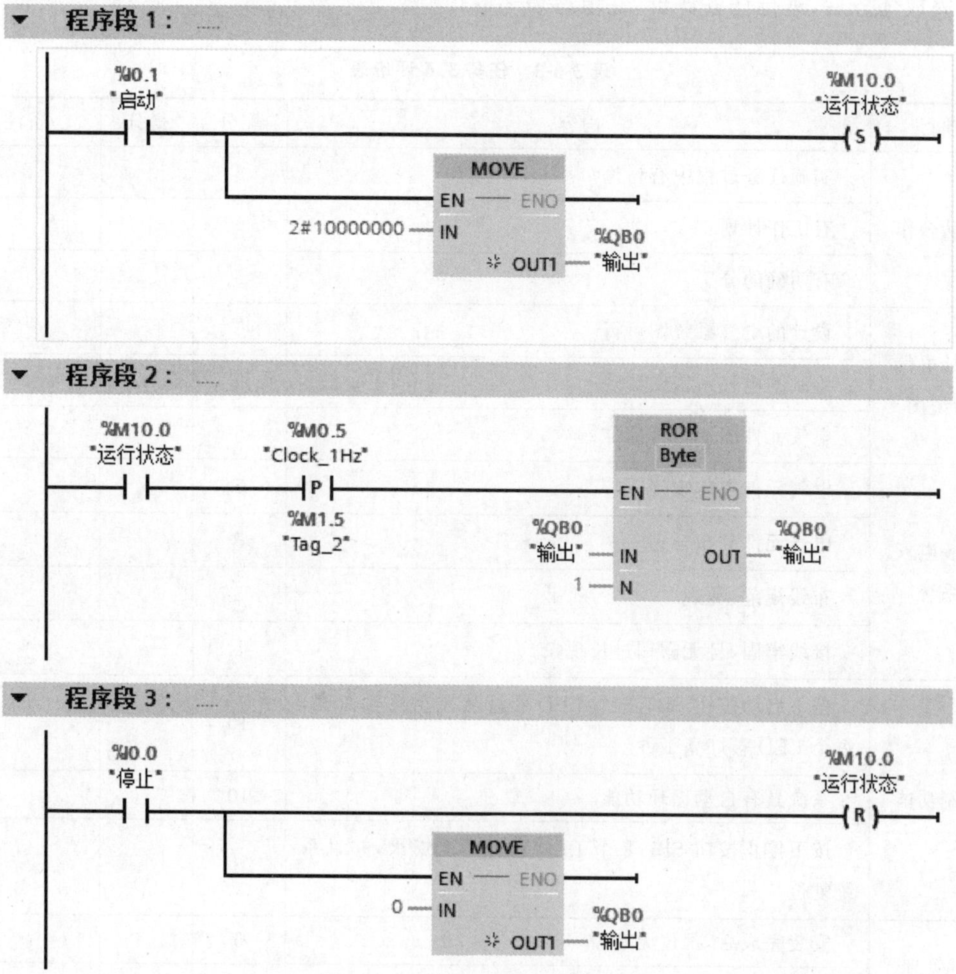

图 3-6-12 8 个彩灯简单控制 PLC 程序

（3）按图 3-6-12，或者按自己的方法编写完 PLC 程序后，把 PLC 程序下载到 PLC。

（三）调试系统

（1）系统上电后，所有 LED 彩灯都处于熄灭状态。

（2）按下启动按钮，8 个 LED 彩灯从左至右轮流亮，每个 LED 彩灯亮 1 秒，并且系统具有自动循环功能。

（3）按下停止按钮，8 个 LED 彩灯马上熄灭。

（4）按下启动按钮，相当于执行步骤（2）；按下停止按钮，相当于执行步骤（3）。

如果调试时你的系统有以上现象，恭喜你完成了任务。如果调试时你的系统没有出现以上现象，请你和组员一起分析原因，把系统调试成功。

四、任务评价

完成任务后，进行任务评价，并填写表 3-6-3。

表 3-6-3　任务 3.6 评价表

项目	内容	配分	得分	备注
团队合作	实施任务过程中有讨论	5		
	有工作计划	5		
	有明确的分工	5		
设计电气系统图	设计的电气系统图可行	5		
	绘制的电气系统图美观	5		
	电气元件图形符号标准	5		
安装电气系统	电气元件安装牢固	5		
	电气元件分布合理	5		
	布线规范、美观	5		
	接线牢固，且无露铜过长现象	5		
控制功能	按下启动按钮 SB2，8 个 LED 彩灯从左至右轮流亮，每个 LED 彩灯亮 1 秒	10		
	系统具有自动循环功能	10		
	按下停止按钮 SB1，8 个 LED 彩灯马上熄灭，并且系统复位	10		
6S 管理	安装完成后，工位无垃圾	5		
	安装完成后，工具和配件摆放整齐	5		
安全事项	安装过程中，无损坏元器件及人身伤害现象	5		
	通电调试过程中，无短路现象	5		
总分				

【扩展提高】

一、填空题

(1) 循环移位指令比移位指令多＿＿＿＿＿＿功能。

(2) 循环移位指令 IN 端和 OUT 端支持的数字类型有＿＿＿＿＿、＿＿＿＿＿和＿＿＿＿＿。

(3) 移位指令 IN 端和 OUT 端支持的数字类型有＿＿＿＿＿种,种类比循环移位指令支持的多。

(4) 如果时钟存储器字节的地址设置为 10,则输出 2 Hz 时钟的是＿＿＿＿＿。

(5) 执行移位指令时,连接 EN 引脚的信号应该采用＿＿＿＿＿或＿＿＿＿＿信号。

二、训练任务

使用 PLC 制作一个 LED 彩灯控制系统,8 个 LED 彩灯排成一排,LED 彩灯的额定电压是直流 24 V,控制要求如下。

(1) 按下启动按钮 SB2,8 个 LED 彩灯从左至右轮流亮一次,每个 LED 彩灯亮 1 秒,亮一轮后系统自动停止。

(2) 按下启动按钮 SB3,8 个 LED 彩灯从右至左轮流亮,每个 LED 彩灯亮 0.5 秒,循环 10 个周期后系统自动停止。

(3) 按下停止按钮 SB1,所有 LED 彩灯马上熄灭,并且系统复位。

请你和组员一起设计并安装该电气系统,编写 PLC 程序,下载并调试 PLC 程序。

任务3.7 十字路口交通灯控制系统

【任务描述】

使用 PLC 制作一个十字路口交通灯控制系统,十字路口南北方向和东西方向均设有红、黄、绿三只信号灯,如图 3-7-1 所示,控制要求如下。

(1) 信号灯受一个启动按钮控制,当启动按钮接通时,信号灯系统开始工作,首先南北红灯亮、东西绿灯亮。当停止按钮接通时,全部信号灯熄灭。

(2) 南北红灯亮维持 15 s;东西绿灯亮维持 10 s,然后闪亮 3 s 后熄灭;同时东西黄灯亮,维持 2 s 后熄灭,东西红灯亮,同时南北红灯熄灭、绿灯亮。

(3) 东西红灯亮维持 15 s;南北绿灯亮维持 10 s,然后闪亮 3 s 后熄灭;同时南北黄灯亮,维持 2 s 后熄灭,南北红灯亮,同时东西红灯熄灭、绿灯亮,如此周而复始。

请你和组员一起设计并安装该电气系统,编写 PLC 程序,下载并调试 PLC 程序。

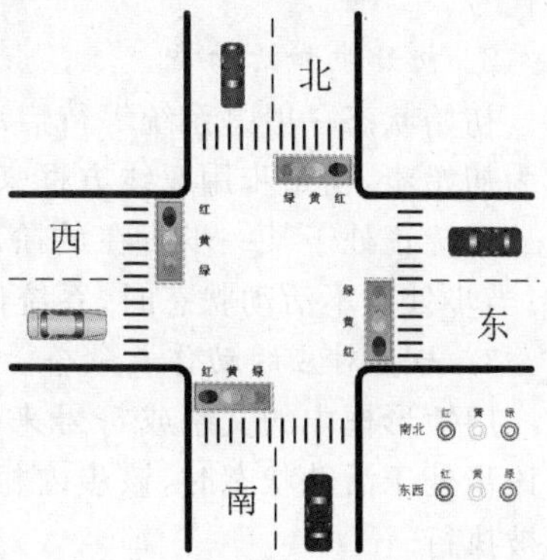

图 3-7-1 交通信号灯示意图

【任务目标】

知识目标:

(1) 了解 PLC 驱动各种电压等级负载的方法。

(2) 掌握西门子 S7-1200 PLC 顺序控制设计方法和顺序功能图画法。

（3）能运用专业知识分析故障现象，判断出故障的大概范围。

能力目标：

（1）能通过查阅资料，设计出十字路口交通灯控制的电气系统图。

（2）能根据控制要求，设计出十字路口交通灯控制的顺序功能图。

（3）通过学习本任务，能够在规定的时间内编写及调试十字路口交通灯控制 PLC 程序。

（4）能够排除调试过程中出现的故障。

素质目标：

（1）养成按国家标准或行业标准从事专业技术活动的职业习惯。

（2）提升学生综合运用专业知识的能力，培养学生精益求精的工匠精神。

（3）培养学生的团队协作能力和沟通能力。

【任务实施】

一、知识准备

所谓顺序控制，就是按照生产工艺预先规定的顺序，在各个输入信号的作用下，根据内部状态和时间的顺序，在生产过程中各个执行机构自动地有秩序地进行操作。顺序控制设计的实施步骤是：首先根据系统的工艺过程，画出顺序功能图，然后根据顺序功能图画出梯形图。

（一）顺序功能图的基本元件

1. 步的基本概念

将系统的一个工作周期划分为顺序相连的若干阶段，这些阶段称为步（step），可用编程元件来代表各步。可根据系统输出状态的改变，将系统输出的每一个不同状态划分为一步，在任意一步之内，系统各输出量的状态是不变的，但是相邻两步输出量的状态是不同的。

根据十字路口交通灯输出状态的改变，将上述工作过程划分为 6 步，分别用 M2.1～M2.6 来代表这 6 步，另外还设置了一个等待启动的 M2.0 初始步，如图 3-7-2 所示。用矩形方框表示步。为了便于将顺序功能图转换为梯形图，用代表各步的编程元件的地址作为步的代号。

2. 初始步和活动步

初始状态一般是系统等待启动命令的相对静止的状态。与系统的初始状态相对应的步称为初始步，初始步用双线方框来表示，每一个顺序功能图至少应该有一个初始步。

系统正处于某一步所在的阶段时，称该步为活动步，此时系统执行相应的非存储型动作；当步处于不活动状态时，系统停止执行非存储型动作。

3. 与步对应的动作或命令

用矩形框中的文字或符号来表示动作，该矩形框与相应的步的方框用水平短线相连。当该步处于活动状态时，该步内相应的动作或命令被执行；反之，该步内相应的动作或命令不被执行。

4. 有向连线

在画顺序功能图时，将代表各步的方框按它们成为活动步的先后次序顺序排列，并用有向连线将它们连接起来。步的活动状态默认的进展方向是从上到下或从左至右。在这两个方向上，有向连线上的箭头可以省略。

5. 转换与转换条件

转换用有向连线上与有向连线垂直的短画线来表示。使系统由当前步进入下一步的信

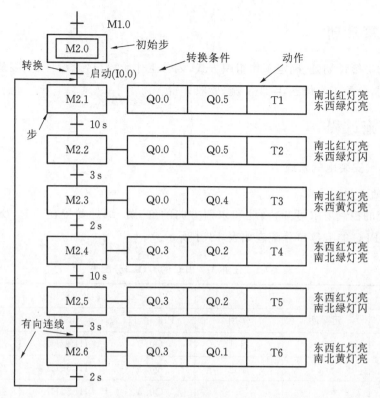

图 3-7-2 十字路口交通灯控制系统顺序功能图（一）

号称为转换条件,转换条件可以是由外部输入的信号,PLC 内部产生的信号,以及若干信号的与、或、非逻辑组合。

（二）顺序功能图的基本结构

1. 单序列

单序列由一系列相继激活的步组成,每一步的后面仅有一个转换,每一个转换的后面只有一个步(见图 3-7-3(a))。单序列的特点是没有分支与合并。

2. 选择序列

选择序列的开始称为分支。在图 3-7-3(b)中,如果步 4 是活动步,并且转换条件 h 为 ON,则由步 4 转换到步 5。如果步 4 是活动步,并且 k 为 ON,则由步 4 转换到步 7。选择序列的结束称为合并。如果步 6 是活动步,并且转换条件 j 为 ON,则由步 6 转换到步 9。如果步 8 是活动步,并且转换条件 n 为 ON,则由步 8 转换到步 9。

3. 并行序列

并行序列用来表示系统同时工作的几个独立部分的工作情况。并行序列的开始称为分支。在图 3-7-3(c)

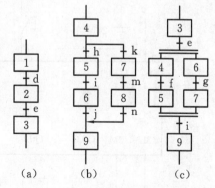

图 3-7-3 单序列、选择序列与并行序列

中,如果步 3 是活动步,并且转换条件 e 为 ON,则由步 3 转换到步 4 和步 6。为了强调转换的同步实现,水平连线用双线表示。并行序列的结束称为合并。如果步 5 和步 7 都处于活动状态,并且转换条件 i 为 ON,则由步 5 和步 7 转换到步 8。

二、决策计划

本任务的决策计划是:确定工作组织方式,划分工作阶段,讨论设计、安装及调试工艺流程和工作计划,分配工作任务,组织实施,验收评价。

三、实施过程

(一)设计、安装电气系统

1. PLC 的 I/O 口分配

分析系统的控制要求可知,南北和东西方向的红、黄、绿灯并接在一起,所以有 2 个输入、6 个输出,PLC 的 I/O 口分配表如表 3-7-1 所示。

表 3-7-1 任务 3.7 PLC 的 I/O 口分配表

输入			输出		
PLC 接口	元器件	作用	PLC 接口	元器件	作用
I0.0	SB1	启动	Q0.0	HL1、HL2	控制南北红灯
I0.1	SB2	停止	Q0.1	HL3、HL4	控制南北黄灯
			Q0.2	HL5、HL6	控制南北绿灯
			Q0.3	HL7、HL8	控制东西红灯
			Q0.4	HL9、HL10	控制东西黄灯
			Q0.5	HL11、HL12	控制东西绿灯

2. 电路系统图设计

根据 PLC 的 I/O 口分配表,设计十字路口交通灯控制的电气系统图,如图 3-7-4 所示。

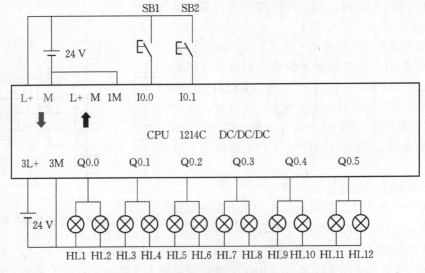

图 3-7-4 十字路口交通灯控制的电气系统图

3．安装元器件，连接电路

根据图 3-7-4 安装元器件，并连接电路。

安装该电气系统前，应准备好安装使用的工具、材料、设备和技术资料，具体清单如表 3-7-2 所示，并做好工作现场和技术资料的管理工作。

表 3-7-2　十字路口交通灯控制系统安装所需器材清单

类别	名称
工具	电工钳、斜口钳、剥线钳、压线钳、一字螺丝刀、十字螺丝刀、万用表
材料	多股铜芯线（BV-0.75）、冷压头、安装板、线槽、自攻钉
设备	空气开关、开关电源（24 V）、按钮（2 个）、24 V 灯（12 个）、西门子 S7-1200 PLC、下载网线
技术资料	电气系统图、工作计划表、PLC 编程手册、相关电气安装标准手册

4．检查电路

一般情况下，每接完一个电路，都要对电路进行一次必要的检查，以免出现严重的损坏。电路具体检查项目如下。

（1）电路里有无短路现象。

（2）PLC 所连接的电压及正负极是否正确。

（3）负载电压及正负极是否正确。

（二）编写 PLC 程序

（1）系统存储器和时钟存储器的设置。

在 PLC 的设备视图中，在 CPU 的"属性"项中，可以设置系统存储器和时钟存储器，并可以修改系统或时钟存储器的字节地址，默认使用的系统存储器为 MB1、时钟存储器为 MB0。M1.0 实现首次循环，M0.5 实现灯闪烁功能。

（2）设置 PLC 变量，如图 3-7-5 所示。

变量表_1

		名称	数据类型	地址	保持	可从 ...	从 H...	在 H...
1		启动	Bool	%I0.0	☐	☑	☑	☑
2		停止	Bool	%I0.1	☐	☑	☑	☑
3		南北红灯	Bool	%Q0.0	☐	☑	☑	☑
4		南北黄灯	Bool	%Q0.1	☐	☑	☑	☑
5		南北绿灯	Bool	%Q0.2	☐	☑	☑	☑
6		东西红灯	Bool	%Q0.3	☐	☑	☑	☑
7		东西黄灯	Bool	%Q0.4	☐	☑	☑	☑
8		东西绿灯	Bool	%Q0.5	☐	☑	☑	☑
9		初始步	Bool	%M2.0	☐	☑	☑	☑
10		步1	Bool	%M2.1	☐	☑	☑	☑
11		步2	Bool	%M2.2	☐	☑	☑	☑
12		步3	Bool	%M2.3	☐	☑	☑	☑
13		步4	Bool	%M2.4	☐	☑	☑	☑
14		步5	Bool	%M2.5	☐	☑	☑	☑
15		步6	Bool	%M2.6	☐	☑	☑	☑

图 3-7-5　十字路口交通灯控制 PLC 变量的定义

（3）设计顺序功能图，如图 3-7-6 所示。

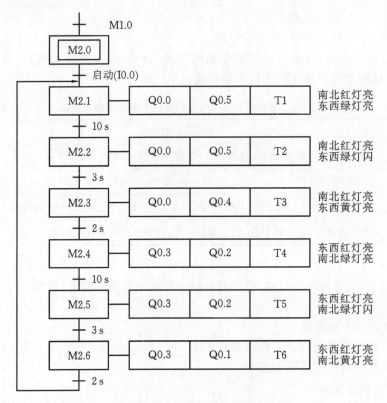

图 3-7-6 十字路口交通灯控制系统顺序功能图(二)

交通灯的工作过程分为 6 个状态,6 个状态对应 6 个步,分别为 M2.1～M2.6,每一个步用一个位存储器来表示。M2.0 为初始步,M2.1 为南北红灯亮、东西绿灯亮;M2.2 为南北红灯亮、东西绿灯闪;M2.3 为南北红灯亮、东西黄灯亮;M2.4 为东西红灯亮、南北绿灯亮;M2.5 为东西红灯亮、南北绿灯闪;M2.6 为东西红灯亮、南北黄灯亮。

(4) 编写 PLC 程序,如图 3-7-7 所示。

① 程序段 1:首次扫描或停止启动初始步,复位步 1～6,复位 Q0.0～Q0.5,如图 3-7-7 (a)所示。

② 程序段 2:初始步,等待 I0.0 转换条件满足进入步 1,如图 3-7-7(b)所示。

③ 程序段 3:步 1,南北红灯亮和东西绿灯亮,启动定时 10 s,定时到东西绿灯灭,并进入步 2,如图 3-7-7(c)所示。

④ 程序段 4:步 2,南北红灯保持亮,东西绿灯闪烁,启动定时 3 s,定时到东西绿灯灭,并进入步 3,如图 3-7-7(d)所示。

⑤ 程序段 5:步 3,南北红灯保持亮,东西黄灯亮,启动定时 2 s,定时到南北红灯和东西黄灯灭,并进入步 4,如图 3-7-7(e)所示。

⑥ 程序段 6:步 4,东西红灯亮和南北绿灯亮,启动定时 10 s,定时到南北绿灯灭,并进入步 5,如图 3-7-7(f)所示。

⑦ 程序段 7:步 5,东西红灯保持亮,南北绿灯闪烁,启动定时 3 s,定时到南北绿灯灭,并进入步 6,如图 3-7-7(g)所示。

⑧ 程序段 8:步 6,东西红灯保持亮,南北黄灯亮,启动定时 2 s,定时到东西红灯和南北黄灯灭,并进入步 1,如图 3-7-7(h)所示。

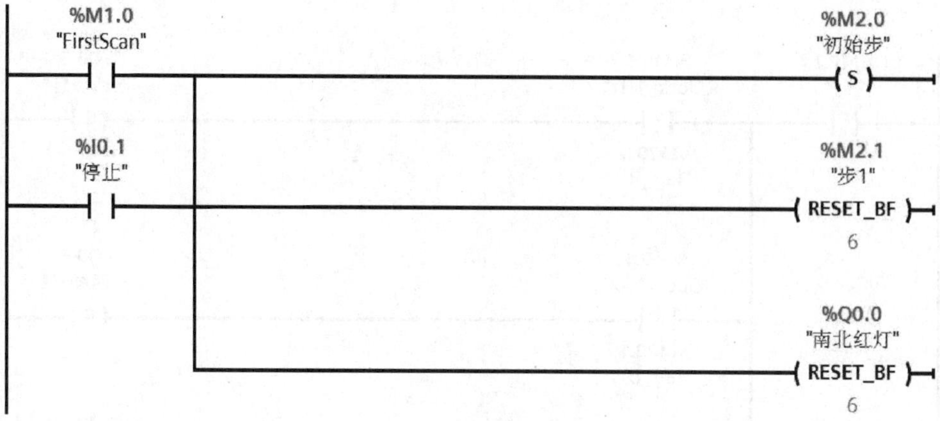

（a）

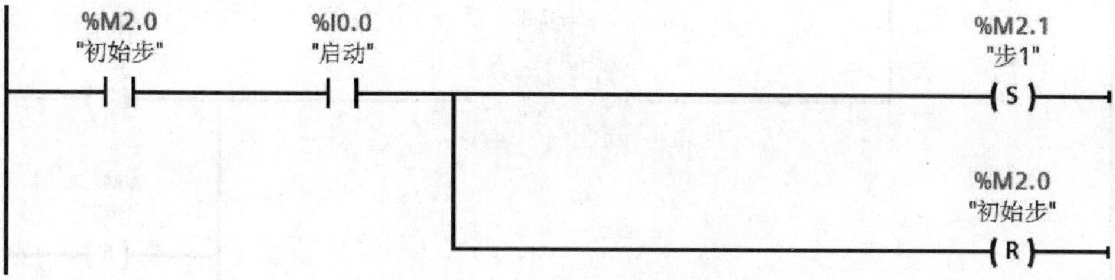

（b）

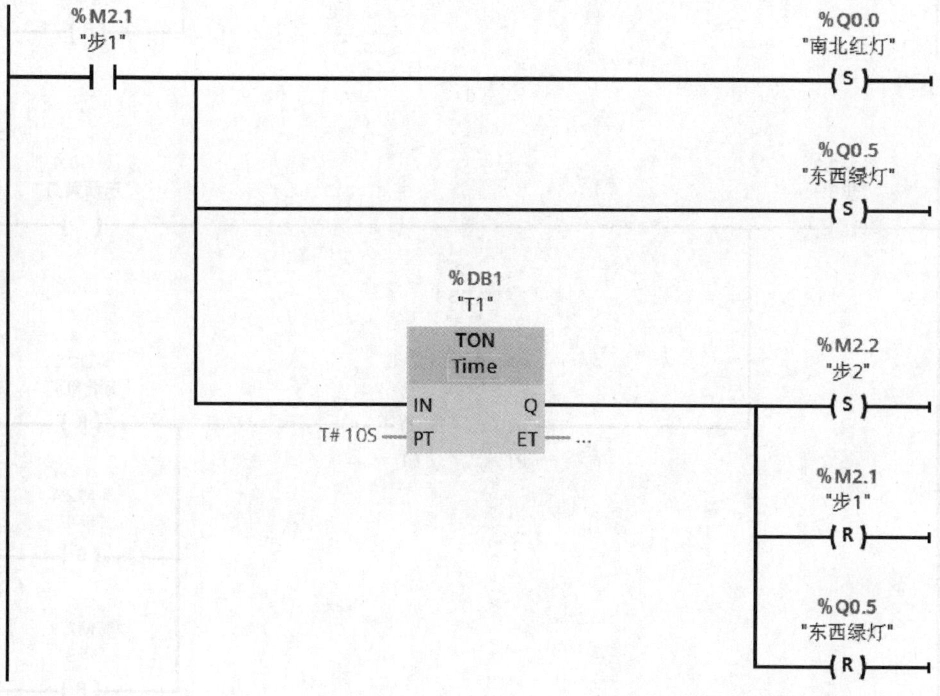

（c）

图 3-7-7 十字路口交通灯控制 PLC 程序

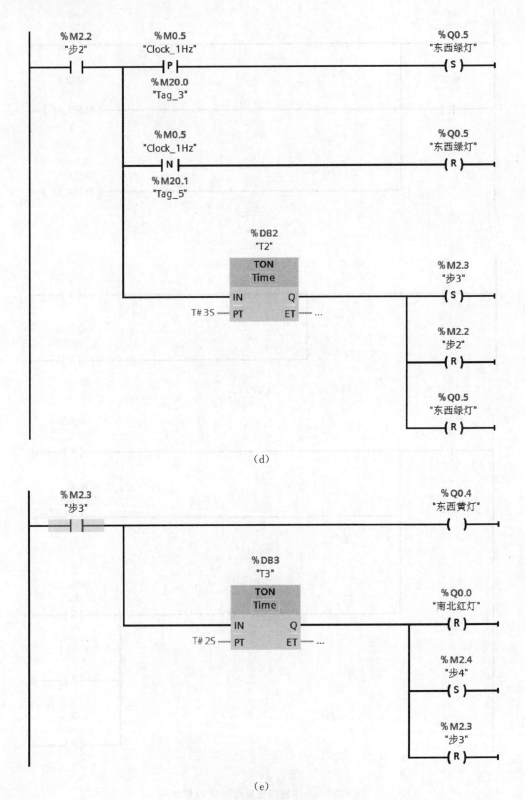

（d）

（e）

续图 3-7-7

（f）

（g）

续图 3-7-7

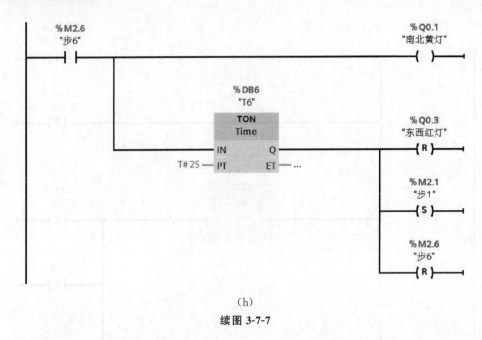

(h)

续图 3-7-7

（3）按图 3-7-7，或者按自己的方法编写完 PLC 程序后，把 PLC 程序下载到 PLC。

（三）调试系统

（1）系统上电后，所有灯都处于熄灭状态。

（2）按下启动按钮，南北红灯亮、东西绿灯亮，然后按要求亮灭，并且系统具有自动循环功能。

（3）按下停止按钮，所有灯马上熄灭。

如果调试时你的系统有以上现象，恭喜你完成了任务。如果调试时你的系统没有出现以上现象，请你和组员一起分析原因，把系统调试成功。

四、任务评价

完成任务后，进行任务评价，并填写表 3-7-3。

表 3-7-3　任务 3.7 评价表

项目	内容	配分	得分	备注
团队合作	实施任务过程中有讨论	5		
	有工作计划	5		
	有明确的分工	5		
设计电气系统图	设计的电气系统图可行	5		
	设计的顺序功能图可行	5		
	电气元件图形符号标准	5		
安装电气系统	电气元件安装牢固	5		
	电气元件分布合理	5		
	布线规范、美观	5		
	接线牢固，且无露铜过长现象	5		

项目	内容	配分	得分	备注
控制功能	按下启动按钮 SB1,南北红灯亮、东西绿灯亮,然后按要求亮灭	10		
	系统具有自动循环功能	10		
	按下停止按钮 SB2,所有灯马上熄灭,并且系统复位	10		
6S 管理	安装完成后,工位无垃圾	5		
	安装完成后,工具和配件摆放整齐	5		
安全事项	安装过程中,无损坏元器件及人身伤害现象	5		
	通电调试过程中,无短路现象	5		
总分				

【扩展提高】

一、填空题

（1）顺序控制就是按照生产工艺预先规定的顺序,在各个输入信号的作用下,根据_____,在生产过程中各个执行机构自动地有秩序地进行操作。

（2）将系统的一个工作周期划分为若干顺序相连的阶段,这些阶段称为_____,用_____来代表各步。

（3）初始步用_____来表示,步用_____表示。

（4）用矩形框中的_____来表示动作,该矩形框与相应的步的方框用水平短线相连。

（5）顺序功能图的基本结构有_____、_____、_____三种。

二、训练任务

设计一个十字路口交通灯自动控制和手动控制系统,控制要求如下。

（1）按下自动控制按钮 SB1,南北红灯亮维持 11 s,东西绿灯亮维持 8 s,8 s 后熄灭;同时东西黄灯闪亮,维持 2 s 后熄灭,东西红灯亮,同时南北红灯熄灭,绿灯亮;东西红灯亮维持 11 s,南北绿灯亮维持 8 s,8 s 后熄灭;同时南北黄灯闪亮,维持 2 s 后熄灭,南北红灯亮,同时东西红灯熄灭,绿灯亮,如此循环。

（2）按下停止按钮 SB2,所有灯都熄灭。

（3）在任何时候按下手动控制按钮 SB3,所有灯先熄灭;按下东西向直行按钮 SB4,东西绿灯和南北红灯亮;按下南北向直行按钮 SB5,南北绿灯和东西红灯亮;按下停止按钮 SB2,循环结束。

（4）手动控制功能必须在手动控制按钮接通时才能实现,若此时按下自动控制按钮,手动控制状态中止。同样,自动控制功能必须在自动控制按钮接通时才能实现,此时按下手动控制按钮,自动控制状态中止。

请你和组员一起设计并安装该电气系统,编写 PLC 程序,下载并调试 PLC 程序。

◀ 任务 3.8　停车场控制系统 ▶

【任务描述】

使用 PLC 制作一个 10 车位停车场控制系统,停车场出入口示意图如图 3-8-1 所示,控制要求如下。

(1) 停车场共有 10 个车位,启动时,系统运行并对车辆数量清零。系统停止运行时,全部动作停止。

(2) 车辆入库时,经过入口传感器 1 时,入口道闸向上打开,当达到上限位置时,入口道闸停止打开;经过入口传感器 2 时,入口道闸向下关闭,当达到下限位置时,入口道闸停止关闭,同时车辆数量加 1。

(3) 车辆出库时,经过出口传感器 1 时,出口道闸向上打开,当达到上限位置时,出口道闸停止打开;经过出口传感器 2 时,出口道闸向下关闭,当达到下限位置时,出口道闸停止关闭,同时车辆数量减 1。

(4) 车辆数量少于 10,入口绿灯亮;车辆数量等于 10,入口红灯亮,且入口道闸不能打开让车辆进入。

请你和组员一起设计并安装该电气系统,编写 PLC 程序,下载并调试 PLC 程序。

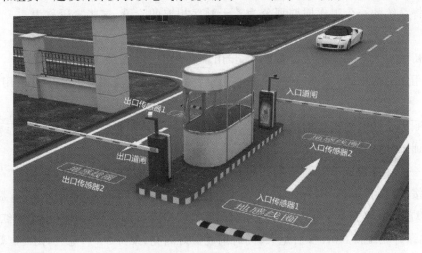

图 3-8-1　停车场出入口示意图

【任务目标】

知识目标:
(1) 了解电感线圈的工作原理。
(2) 掌握加减指令的应用。
(3) 能运用专业知识分析故障现象,判断出故障的大概范围。

能力目标:
(1) 能通过查阅资料,设计出停车场控制的电气系统图。
(2) 通过学习本任务,能够在规定的时间内编写及调试停车场控制 PLC 程序。

（3）能够排除调试过程中出现的故障。

素质目标：

（1）养成按国家标准或行业标准从事专业技术活动的职业习惯。

（2）提升学生综合运用专业知识的能力,培养学生精益求精的工匠精神。

（3）培养学生的团队协作能力和沟通能力。

【任务实施】

一、知识准备

（一）地感线圈的工作原理

地感线圈（见图 3-8-2）的工作原理是电磁感应原理。通常在同一车道的道路路基下埋设环形地感线圈,并对其通以一定的工作电流,将其作为传感器使用。当车辆通过环形地感线圈或者停在环形地感线圈上时,车辆上的铁质将会改变环形地感线圈内的磁通,引起环形地感线圈回路电感量的变化,检测器通过检测该电感量的变化来判断通行车辆状态。

图 3-8-2 地感线圈

（二）加减指令

数学函数中的加（ADD）、减（SUB）指令如图 3-8-3 所示,操作数的类型可选整数（SInt、Int、DInt、USInt、UInt、UDInt）和浮点数 Real,IN1 和 IN2 可以是常数。IN1、IN2 和 OUT 的数据类型应该相同。

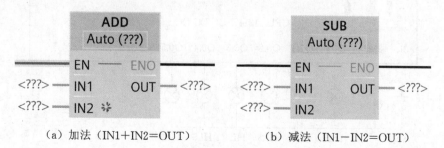

（a）加法（IN1+IN2=OUT）　　　（b）减法（IN1−IN2=OUT）

图 3-8-3 加减指令

二、决策计划

本任务的决策计划是：确定工作组织方式，划分工作阶段，讨论设计、安装及调试工艺流程和工作计划，分配工作任务，组织实施，验收评价。

三、实施过程

（一）设计、安装电气系统

1. PLC 的 I/O 口分配

PLC 的 I/O 口分配表如表 3-8-1 所示。

表 3-8-1　任务 3.8 PLC 的 I/O 口分配表

输入			输出		
PLC 接口	元器件	作用	PLC 接口	元器件	作用
I0.0	SB1	启动	Q0.0	HL1	用作入口绿灯
I0.1	SB2	停止	Q0.1	HL2	用作入口红灯
I0.2	SB3	接通/断开入口传感器 1	Q0.2	HL3	开入口道闸
I0.3	SB4	接通/断开入口传感器 2	Q0.3	HL4	关入口道闸
I0.4	SB5	用作入口道闸开限位	Q0.4	HL5	开出口道闸
I0.5	SB6	用作入口道闸关限位	Q0.5	HL6	关出口道闸
I0.6	SB7	接通/断开出口传感器 1			
I0.7	SB8	接通/断开出口传感器 2			
I1.0	SB9	用作出口道闸开限位			
I1.1	SB10	用作出口道闸关限位			

2. 电气系统图设计

根据 PLC 的 I/O 口分配表设计电气系统图，如图 3-8-4 所示。

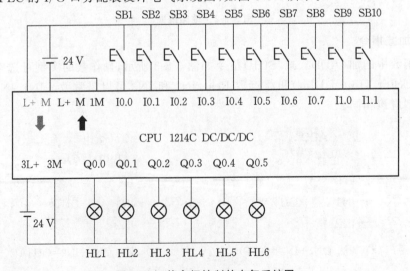

图 3-8-4　停车场控制的电气系统图

3. 安装元器件,连接电路

根据图 3-8-4 安装元器件,并连接电路。

安装该电气系统前,应准备好安装使用的工具、材料、设备和技术资料,具体清单如表 3-8-2 所示,并做好工作现场和技术资料的管理工作。

表 3-8-2 停车场控制系统安装所需器材清单

类别	名称
工具	电工钳、斜口钳、剥线钳、压线钳、一字螺丝刀、十字螺丝刀、万用表
材料	多股铜芯线(BV-0.75)、冷压头、安装板、线槽、自攻钉
设备	空气开关、开关电源(24 V)、按钮(10 个)、24 V 灯(6 个)、西门子 S7-1200 PLC、下载网线
技术资料	电气系统图、工作计划表、PLC 编程手册、相关电气安装标准手册

4. 检查电路

一般情况下,每接完一个电路,都要对电路进行一次必要的检查,以免出现严重的损坏。电路具体检查项目如下。

(1) 电路里有无短路现象。

(2) PLC 所连接的电压及正负极是否正确。

(3) 负载电压及正负极是否正确。

(二) 编写 PLC 程序

(1) 设置 PLC 变量表,如图 3-8-5 所示。

		名称	数据类型	地址
	变量表_1			
1	⬅	启动	Bool	%I0.0
2	⬅	停止	Bool	%I0.1
3	⬅	入口传感器1	Bool	%I0.2
4	⬅	入口传感器2	Bool	%I0.3
5	⬅	入口道闸开限位	Bool	%I0.4
6	⬅	入口道闸关限位	Bool	%I0.5
7	⬅	出口传感器1	Bool	%I0.6
8	⬅	出口传感器2	Bool	%I0.7
9	⬅	出口道闸开限位	Bool	%I1.0
10	⬅	出口道闸关限位	Bool	%I1.1
11	⬅	入口绿灯	Bool	%Q0.0
12	⬅	入口红灯	Bool	%Q0.1
13	⬅	开入口道闸	Bool	%Q0.2
14	⬅	关入口道闸	Bool	%Q0.3
15	⬅	开出口道闸	Bool	%Q0.4
16	⬅	关出口道闸	Bool	%Q0.5
17	⬅	运行状态	Bool	%M2.0
18	⬅	车辆数量	Int	%MW100

图 3-8-5 停车场控制 PLC 变量的定义

(2) 编写 PLC 程序,如图 3-8-6 所示。

① 程序段 1:启动时系统运行,并清零车辆数量,停止时动作全部停止,如图 3-8-6(a)所示。

② 程序段 2:车辆通过入口传感器 2 时车辆数量加 1,车辆通过出口传感器 2 时车辆数量减 1;车辆数量少于 10,入口绿灯亮,车辆数量大于或等于 10,入口红灯亮,同时断开加运算,如图 3-8-6(b)所示。

③ 程序段 3：开入口道闸控制，如图 3-8-6(c)所示。
④ 程序段 4：关入口道闸控制，如图 3-8-6(d)所示。
⑤ 程序段 5：开出口道闸控制，如图 3-8-6(e)所示。
⑥ 程序段 6：关出口道闸控制，如图 3-8-6(f)所示。

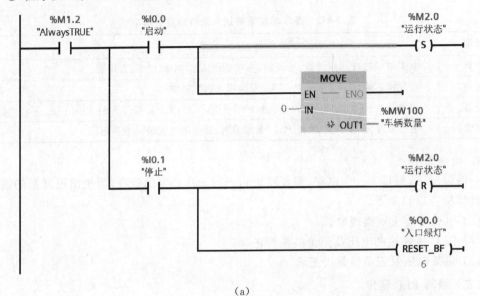

图 3-8-6　停车场控制 PLC 程序

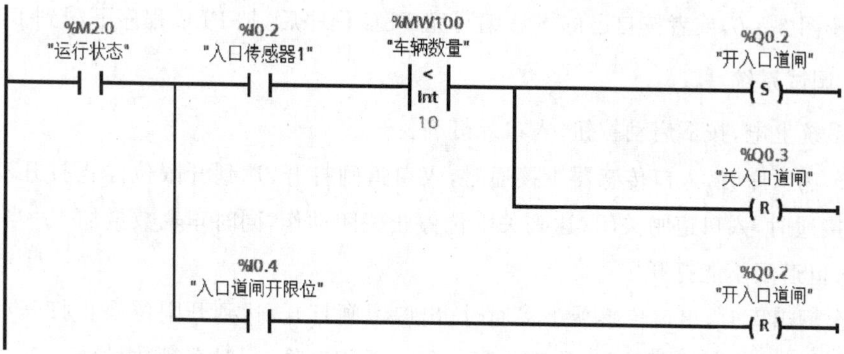
%M2.0
"运行状态"
%I0.2
"入口传感器1"
%MW100
"车辆数量"
<
Int
10
%Q0.2
"开入口道闸"
S
%Q0.3
"关入口道闸"
R
%I0.4
"入口道闸开限位"
%Q0.2
"开入口道闸"
R

(c)

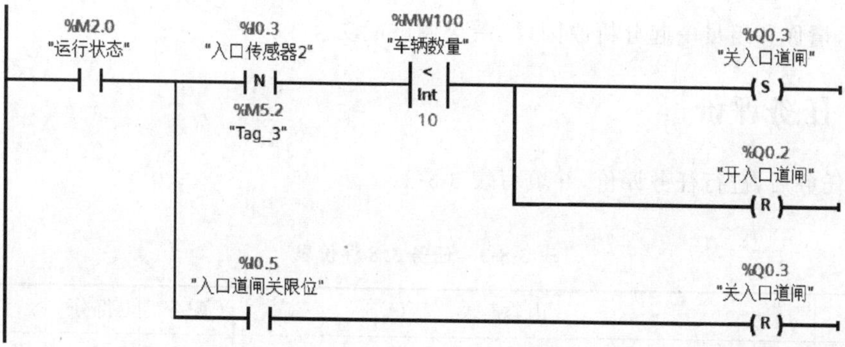
%M2.0
"运行状态"
%I0.3
"入口传感器2"
N
%M5.2
"Tag_3"
%MW100
"车辆数量"
<
Int
10
%Q0.3
"关入口道闸"
S
%Q0.2
"开入口道闸"
R
%I0.5
"入口道闸关限位"
%Q0.3
"关入口道闸"
R

(d)

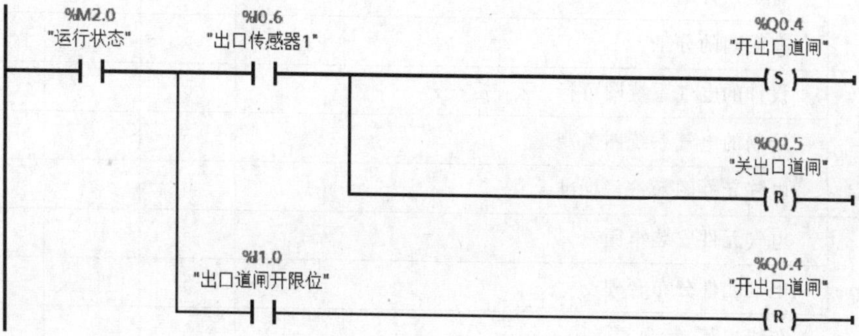
%M2.0
"运行状态"
%I0.6
"出口传感器1"
%Q0.4
"开出口道闸"
S
%Q0.5
"关出口道闸"
R
%I1.0
"出口道闸开限位"
%Q0.4
"开出口道闸"
R

(e)

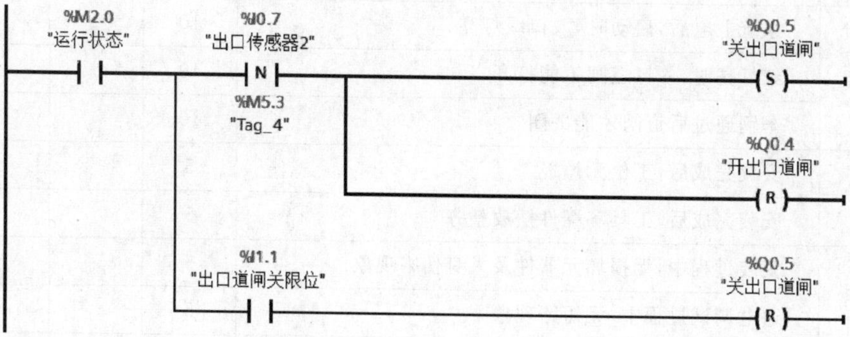
%M2.0
"运行状态"
%I0.7
"出口传感器2"
N
%M5.3
"Tag_4"
%Q0.5
"关出口道闸"
S
%Q0.4
"开出口道闸"
R
%I1.1
"出口道闸关限位"
%Q0.5
"关出口道闸"
R

(f)

续图 3-8-6

（3）按图 3-8-6，或者按自己的方法编写完 PLC 程序后，把 PLC 程序下载到 PLC。

（三）调试系统

（1）系统上电，按下启动按钮，入口绿灯亮。

（2）车辆入库时，入口传感器 1 接通时，入口道闸打开，达到开限位停止打开动作；入口传感器 2 接通时，入口道闸关闭，达到关限位停止关闭动作，同时车辆数量加 1。当入口红灯亮起时，入口道闸不能打开。

（3）车辆出库时，出口传感器 1 接通时，出口道闸打开，达到开限位停止打开动作；出口传感器 2 接通时，出口道闸关闭，达到关限位停止关闭动作，同时车辆数量减 1。

如果调试时你的系统有以上现象，恭喜你完成了任务。如果调试时你的系统没有出现以上现象，请你和组员一起分析原因，把系统调试成功。

四、任务评价

完成任务后，进行任务评价，并填写表 3-8-3。

表 3-8-3　任务 3.8 评价表

项目	内容	配分	得分	备注
团队合作	实施任务过程中有讨论	5		
	有工作计划	5		
	有明确的分工	5		
设计电气系统图	设计的电气系统图可行	5		
	绘制的电气系统图美观	5		
	电气元件图形符号标准	5		
安装电气系统	电气元件安装牢固	5		
	电气元件分布合理	5		
	布线规范、美观	5		
	接线牢固，且无露铜过长现象	5		
控制功能	系统上电后，启动时，入口绿灯亮	10		
	红灯亮时，入口道闸不能打开	10		
	车辆通过后道闸才能关闭	10		
6S 管理	安装完成后，工位无垃圾	5		
	安装完成后，工具和配件摆放整齐	5		
安全事项	安装过程中，无损坏元器件及人身伤害现象	5		
	通电调试过程中，无短路现象	5		
总分				

◀ 任务 3.9　简单电子密码锁 ▶

【任务描述】

使用 PLC 制作一个 4 位简单电子密码锁,设置 12 个按钮和 2 个指示灯,按钮 SB1～SB10 对应 0～9 输入键,按钮 SB11 对应设置键,按钮 SB12 对应确认键,密码正确 HL1 灯亮,密码错误 HL2 灯亮,控制要求如下。

(1) 通过按钮 SB1～SB10 输入 4 位数字密码,再按下按钮 SB12,若密码正确则 HL1 灯亮,否则 HL2 灯亮,初始密码为 6666。

(2) 密码可以由用户修改设定(支持 4 位密码),原来密码输入正确后才能修改,按下按钮 SB11,然后输入 4 位新密码,再按下按钮 SB12,即完成密码修改。

(3) 第一个密码数字不能为 0。

请你和组员一起设计并安装该电气系统,编写 PLC 程序,下载并调试 PLC 程序。

【任务目标】

知识目标:

(1) 了解 PLC 驱动各种电压等级负载的方法。

(2) 掌握乘除指令的应用。

(3) 能运用专业知识分析故障现象,判断出故障的大概范围。

能力目标:

(1) 能通过查阅资料,设计出简单电子密码锁的电气系统图。

(2) 通过学习本任务,能够在规定的时间内编写及调试简单电子密码锁的控制程序。

(3) 能够排除调试过程中出现的故障。

素质目标:

(1) 养成按国家标准或行业标准从事专业技术活动的职业习惯。

(2) 提升学生综合运用专业知识的能力,培养学生精益求精的工匠精神。

(3) 培养学生的团队协作能力和沟通能力。

【任务实施】

一、知识准备

(一) 解密码锁原理

在这个任务中,我们学习解密码锁的公式:MW100＝MW100×10＋A。其中,WM100 为现密码值,A 为输入密码值。设置密码 MW200＝8643,下面参照表 3-9-1 讲解解密码锁原理。

表 3-9-1　解密码锁原理

密码顺序	输入密码	运算公式＝现密码值×10＋输入密码值	运算结果	现密码
第 1 个密码	8	MW100×10＋8	0×10＋8	8
第 2 个密码	6	MW100×10＋6	8×10＋6	86
第 3 个密码	4	MW100×10＋4	86×10＋4	864
第 4 个密码	3	MW100×10＋3	864×10＋3	8643

按照公式 MW100＝MW100×10＋A，初始化或按下按钮 SB12 后，现密码都清零。

（1）按下按钮 SB9，对应输入数字值为 8，运算结果等于 8，所以现密码为 8。

（2）按下按钮 SB7，对应输入数字值为 6，运算结果等于 86，所以现密码为 86。

（3）按下按钮 SB5，对应输入数字值为 4，运算结果等于 864，所以现密码为 864。

（4）按下按钮 SB4，对应输入数字值为 3，运算结果等于 8643，所以现密码为 8643。

（5）通过比较指令可得，现密码 MW100＝8643 与设置密码 MW200＝8643 一致，按下按钮 SB12 即解锁成功，HL1 灯亮。

（二）乘除指令

数学函数中的乘（MUL）、除（DIV）指令如图 3-9-1 所示，操作数的类型可选整数（SInt、Int、DInt、USInt、UInt、UDInt）和浮点数 Real，IN1 和 IN2 可以是常数，IN1、IN2 和 OUT 的数据类型应该相同。

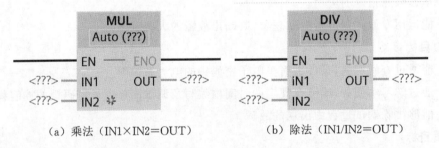

（a）乘法（IN1×IN2＝OUT）　　　　（b）除法（IN1/IN2＝OUT）

图 3-9-1　乘除指令

（三）比较指令

比较指令用于比较两个相同类型数据的大小，比较指令的实质是关系运算，包含"＝＝"（等于）、"＜＞"（不等于）、"＞"（大于）、"＜"（小于）、"＞＝"（大于等于）、"＜＝"（小于等于）共 6 种。比较的类型数据包含 SInt、Int、DInt、USInt、UInt、UDInt、Real、LReal、String、Char、Time、DTL 和常数。比较的结果是一个逻辑值"TRUE"或"FALSE"。比较指令的符号和数据类型如图 3-9-2 所示。

根据以上运算指令编写解密码锁的公式——MW100＝MW100×10＋1，如图 3-9-3 所示。MW100 初始数值为 0，I0.1 第一次上升沿信号输入，MW100＝1；第二次上升沿输入，MW100＝11。

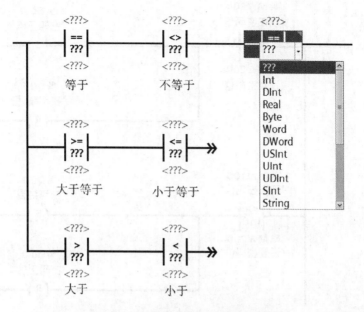

图 3-9-2 比较指令的符号和数据类型

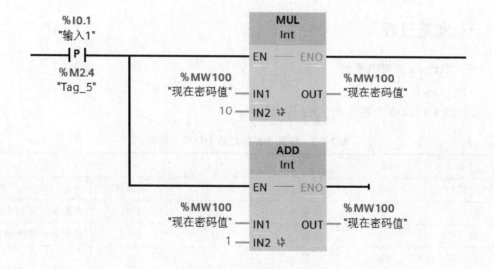

图 3-9-3 解密码锁的公式

4 位密码输入完成后,I1.3 接通,判断结果并输出,如果 MW100＝MW200,密码正确,HL1 灯亮;否则密码错误,HL2 灯亮,如图 3-9-4 所示。

二、决策计划

本任务的决策计划是:确定工作组织方式,划分工作阶段,讨论设计、安装及调试工艺流程和工作计划,分配工作任务,组织实施,验收评价。

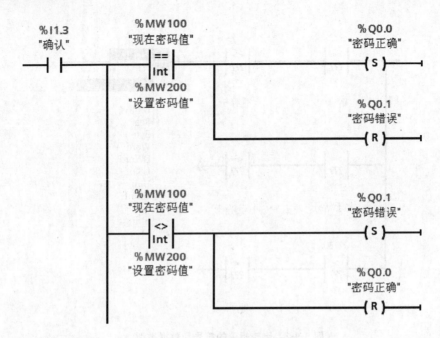

图 3-9-4 判断结果并输出

三、实施过程

（一）设计、安装电气系统

1. PLC 的 I/O 口分配

PLC 的 I/O 口分配表如表 3-9-2 所示。

表 3-9-2 任务 3.9 PLC 的 I/O 口分配表

输入			输出		
PLC 接口	元器件	作用	PLC 接口	元器件	作用
I0.0	SB1	输入 0	Q0.0	HL1	亮则表示密码正确
I0.1	SB2	输入 1	Q0.1	HL2	亮则表示密码错误
I0.2	SB3	输入 2			
I0.3	SB4	输入 3			
I0.4	SB5	输入 4			
I0.5	SB6	输入 5			
I0.6	SB7	输入 6			
I0.7	SB8	输入 7			
I1.0	SB9	输入 8			
I1.1	SB10	输入 9			
I1.2	SB11	设置			
I1.3	SB12	确认			

2. 电路系统图设计

根据 PLC 的 I/O 口分配表,设计电气系统图,如图 3-9-5 所示。

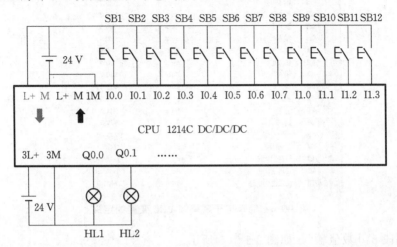

图 3-9-5 简单电子密码锁的电气系统图

3. 安装元器件,连接电路

根据图 3-9-5 安装元器件,并连接电路。

安装该电气系统前,应准备好安装使用的工具、材料、设备和技术资料,具体清单如表 3-9-3 所示,并做好工作现场和技术资料的管理工作。

表 3-9-3 简单电子密码锁电气系统安装所需器材清单

类别	名称
工具	电工钳、斜口钳、剥线钳、压线钳、一字螺丝刀、十字螺丝刀、万用表
材料	多股铜芯线(BV-0.75)、冷压头、安装板、线槽、自攻钉
设备	空气开关、开关电源(24 V)、按钮(12 个)、24 V 灯(2 个)、西门子 S7-1200 PLC、下载网线
技术资料	电气系统图、工作计划表、PLC 编程手册、相关电气安装标准手册

4. 检查电路

一般情况下,每接完一个电路,都要对电路进行一次必要的检查,以免出现严重的损坏。电路具体检查项目如下。

(1) 电路里有无短路现象。

(2) PLC 所连接的电压及正负极是否正确。

(3) 负载电压及正负极是否正确。

（二）编写 PLC 程序

(1) 定义 PLC 变量,如图 3-9-6 所示。

(2) 编写 PLC 程序,如图 3-9-7 所示。

① 程序段 1:首次扫描,将 6666 赋值到 MW200,用户在输对原来的密码后,需要修改密码,按下设置键,再输入 4 位新密码,按下确认键,即可把新密码赋值到 MW200 中并清零现在密码值,如图 3-9-7(a)所示。

② 程序段 2:按下确认键,如果现在密码值与设置密码值一致,密码正确,HL1 灯亮;否则密码错误,HL2 灯亮,并清零现在密码值,如图 3-9-7(b)所示。

变量表1				
		名称	数据类型	地址
1		输入0	Bool	%I0.0
2		输入1	Bool	%I0.1
3		输入2	Bool	%I0.2
4		输入3	Bool	%I0.3
5		输入4	Bool	%I0.4
6		输入5	Bool	%I0.5
7		输入6	Bool	%I0.6
8		输入7	Bool	%I0.7
9		输入8	Bool	%I1.0
10		输入9	Bool	%I1.1
11		设置	Bool	%I1.2
12		确认	Bool	%I1.3
13		密码正确	Bool	%Q0.0
14		密码错误	Bool	%Q0.1
15		现在密码值	Int	%MW100
16		设置密码值	Int	%MW200
17		设置密码状态	Bool	%M2.0

图 3-9-6 简单电子密码锁 PLC 变量的定义

③ 程序段 3:0 数值输入,如图 3-9-7(c)所示。
④ 程序段 4:1 数值输入,如图 3-9-7(d)所示。
⑤ 程序段 5:2 数值输入,如图 3-9-7(e)所示。
⑥ 程序段 6:3 数值输入,如图 3-9-7(f)所示。
⑦ 程序段 7:4 数值输入,如图 3-9-7(g)所示。
⑧ 程序段 8:5 数值输入,如图 3-9-7(h)所示。
⑨ 程序段 9:6 数值输入,如图 3-9-7(i)所示。
⑩ 程序段 10:7 数值输入,如图 3-9-7(j)所示。
⑪ 程序段 11:8 数值输入,如图 3-9-7(k)所示。
⑫ 程序段 12:3 数值输入,如图 3-9-7(l)所示。

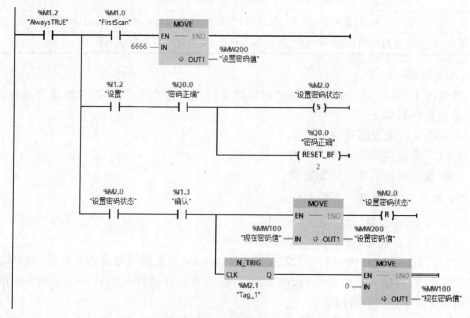

(a)

图 3-9-7 简单电子密码锁 PLC 程序

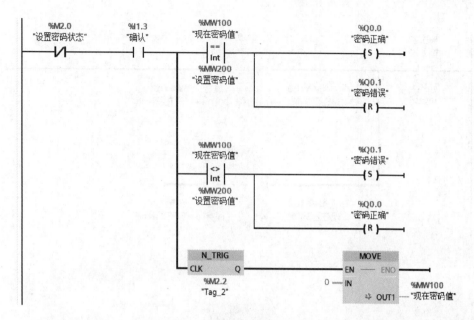

（b）

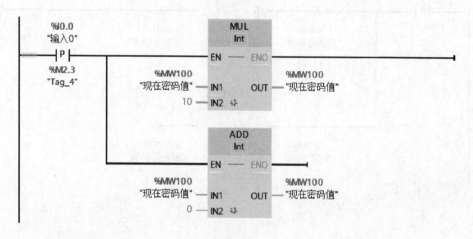

（c）

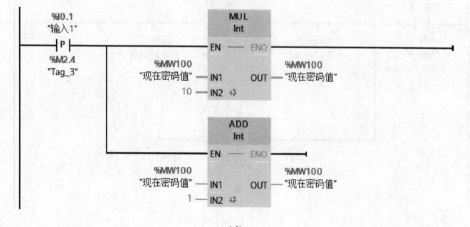

（d）

续图 3-9-7

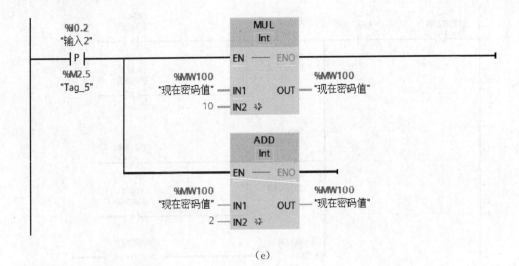

（e）

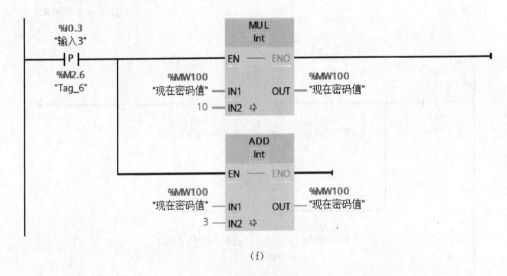

（f）

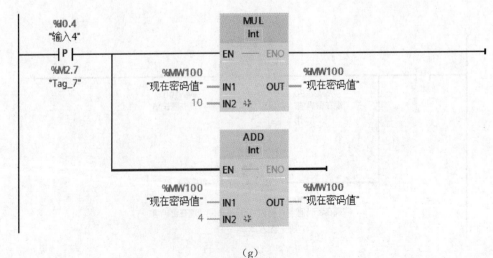

（g）

续图 3-9-7

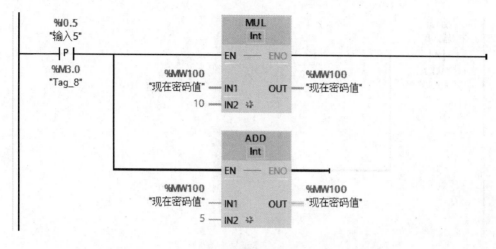

(h)

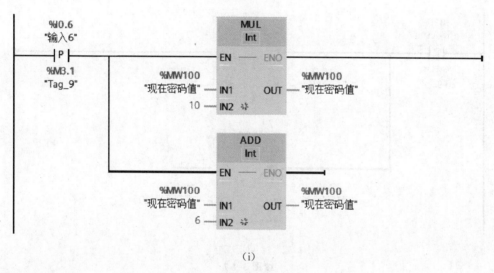

(i)

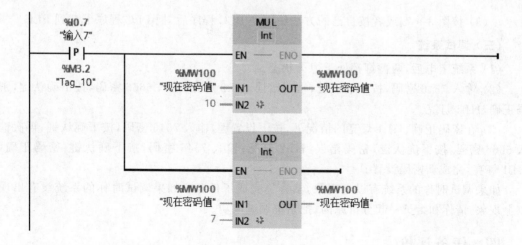

(j)

续图 3-9-7

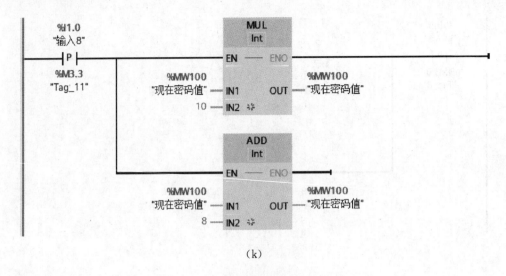

(k)

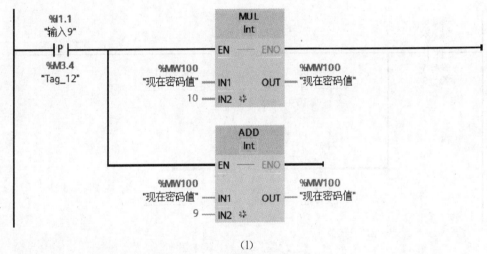

(l)

续图 3-9-7

（3）按图 3-9-7，或者按自己的方法编写完 PLC 程序后，把 PLC 程序下载到 PLC。

（三）调试系统

（1）系统上电后，两盏灯都处于熄灭状态。

（2）输入 7546 密码，按下确认键，密码错误，HL2 灯亮；输入 6666 密码，按下确认键，密码正确，HL1 灯亮。

（3）在密码正确、HL1 灯亮的情况下，按下设置键，输入 7546 密码，按下确认键；再次输入 6666 密码，按下确认键，密码错误，HL2 灯亮；输入 7546 密码，按下确认键，密码正确，HL1 灯亮，完成新密码设置。

如果调试时你的系统有以上现象，恭喜你完成了任务。如果调试时你的系统没有出现以上现象，请你和组员一起分析原因，把系统调试成功。

四、任务评价

完成任务后，进行任务评价，并填写表 3-9-4。

表 3-9-4 任务 3.9 评价表

项目	内容	配分	得分	备注
团队合作	实施任务过程中有讨论	5		
	有工作计划	5		
	有明确的分工	5		
设计电气系统图	设计的电气系统图可行	5		
	绘制的电气系统图美观	5		
	电气元件图形符号标准	5		
安装电气系统	电气元件安装牢固	5		
	电气元件分布合理	5		
	布线规范、美观	5		
	接线牢固,且无露铜过长现象	5		
控制功能	系统上电后,两盏灯都处于熄灭状态	10		
	输对密码 HL1 灯亮,输错密码 HL2 灯亮	10		
	能够修改 6666 初始密码	10		
6S 管理	安装完成后,工位无垃圾	5		
	安装完成后,工具和配件摆放整齐	5		
安全事项	安装过程中,无损坏元器件及人身伤害现象	5		
	通电调试过程中,无短路现象	5		
总分				

【扩展提高】

一、填空题

(1) 乘法指令中 IN1 和 IN2 数据类型为 Int,那么 OUT 数据类型为_____。

(2) 将 888888 密码的数据存储,我们应该选择数据类型为_____或_____。

二、训练任务

设计一个 6 位简单电子密码锁加删除数字控制系统,设置 13 个按钮和 2 个指示灯,按钮 SB1~SB10 对应 0~9 输入键,按钮 SB11 对应设置键,按钮 SB12 对应确认键,按钮 SB13 对应删除键。密码正确 HL1 灯亮,密码错误 HL2 灯亮,控制要求如下。

(1) 通过按钮 SB1~SB10 输入 6 位数字密码,按下按钮 SB12,若密码正确则 HL1 灯亮,否则 HL2 灯亮,初始密码为 888888。

(2) 密码可以由用户修改设定(支持 6 位密码),原来密码输入正确后才能修改密码,按下按钮 SB11,然后输入 6 位新密码,再按下按钮 SB12,即完成密码修改。

(3) 按错数字时,按下删除键即可删除最后一位数字。

(4) 第一个密码数字不能为 0。

请你和组员一起设计并安装该电气系统,编写 PLC 程序,下载并调试 PLC 程序。

西门子 S7-1200 PLC 的高级应用

◀ **任务 4.1　PLC 控制步进电动机系统** ▶

....

【任务描述】

使用 PLC 实现步进电动机的点动、回原点、绝对位置运动控制并用高速计数器监控 PTO 输出,请你和组员一起设计并安装该电气系统,编写 PLC 程序,下载并调试 PLC 程序。

【任务目标】

知识目标:

(1) 了解高速计数器控制原理。

(2) 会用西门子 S7-1200 PLC 高速计数器测量数据。

(3) 掌握西门子 S7-1200 PLC 运动控制指令及高速计数器的使用。

(4) 能运用专业知识分析故障现象,判断出故障的大概范围。

能力目标:

(1) 能通过查阅资料,设计出 PLC 控制步进电动机的电气系统图。

(2) 通过学习本任务,能够在规定的时间内编写步进电动机运动控制程序并用高速计数器监控 PTO 输出。

(3) 能够排除调试过程中出现的故障。

素质目标:

(1) 养成按国家标准或行业标准从事专业技术活动的职业习惯。

(2) 提升学生综合运用专业知识的能力,培养学生精益求精的工匠精神。

(3) 培养学生的团队协作能力和沟通能力。

【任务实施】

一、知识准备

(一) 高速脉冲输出及指令

每个 CPU 都有 4 个 PTO 发生器,通过 CPU 集成的 Q0.0~Q0.7 输出 PTO(见表 4-1-1)。 CPU 1211 没有 Q0.4~Q0.7,CPU 1212C 没有 Q0.6 和 Q0.7。

表 4-1-1 PTO/PWM 发生器输出地址

PTO1 脉冲	PTO1 方向	PTO2 脉冲	PTO2 方向	PTO3 脉冲	PTO3 方向	PTO4 脉冲	PTO4 方向
Q0.0	Q0.1	Q0.2	Q0.3	Q0.4	Q0.5	Q0.6	Q0.7

脉冲宽度与脉冲周期之比称为占空比，脉冲列输出(PTO)功能提供占空比为 50% 的方波脉冲列输出。

西门子 S7-1200 PLC 在运动控制中使用了轴的概念，通过轴的配置，将硬件接口、位置定义、动态性能和机械特性等与相关的指令块组合使用，可实现绝对位置控制、相对位置控制、点动控制、转速控制以及寻找参考点等功能。

这里引用了运动控制集中的启动/禁用轴指令块(见图 4-1-1(a))，归位轴、设置起始位置指令块(见图 4-1-1(b))，以"点动"模式移动轴指令块(见图 4-1-1(c))，以绝对方式定位轴指令块(见图 4-1-1(d))。指令块相关输入触点的说明如表 4-1-2～表 4-1-5 所示。

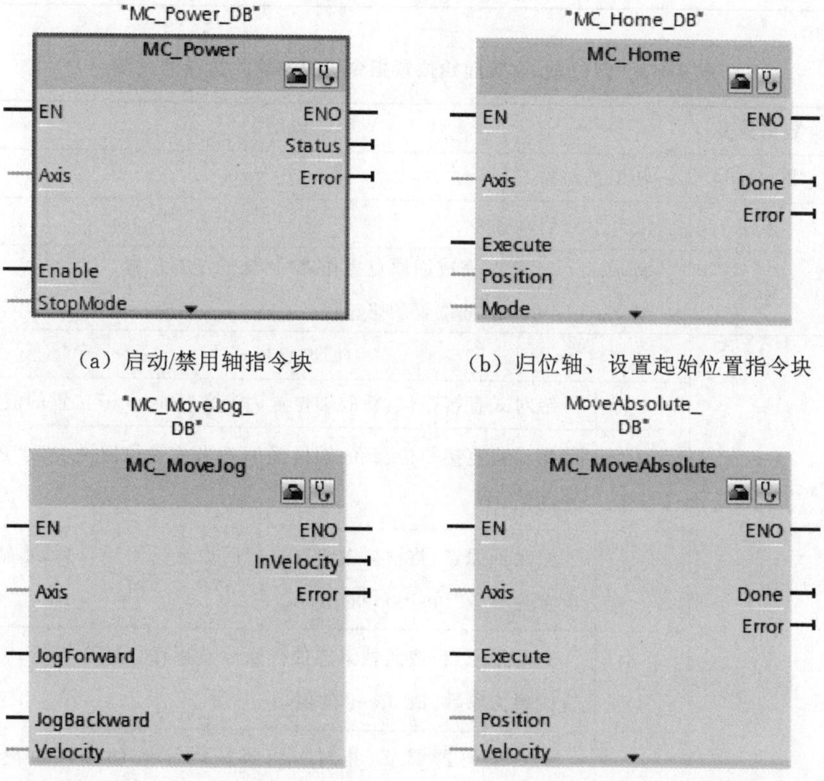

(a) 启动/禁用轴指令块   (b) 归位轴、设置起始位置指令块

(c) 以"点动"模式移动轴指令块   (d) 以绝对方式定位轴指令块

图 4-1-1 运动控制指令集中的指令块

表 4-1-2　启动/禁用轴指令块相关输入触点的说明

参数	数据类型		说明
Axis	TO_Axis		轴工艺对象
Enable	Bool	TRUE	轴已启用
		FALSE	根据组态的"StopMode"中断当前所有作业,停止并禁用轴
StopMode	Int	0	紧急停止。 如果禁用轴的请求处于待决状态,则轴将以组态的急停减速度进行制动。轴在变为处于静止状态后被禁用
		1	立即停止。 如果禁用轴的请求处于待决状态,则会输出该设定值 0,并禁用轴。轴将根据驱动器中的组态进行制动,并转入停止状态
		2	带有加速度变化率控制的紧急停止。 如果禁用轴的请求处于待决状态,则轴将以组态的急停减速度进行制动。如果激活了加速度变化率控制,则会将已组态的加速度变化率考虑在内。轴在变为处于静止状态后被禁用

表 4-1-3　归位轴、设置起始位置指令块相关输入触点的说明

参数	数据类型		说明
Axis	TO_Axis		轴工艺对象
Execute	Bool		上升沿时启动命令
Position	Real		Mode=0、2 和 3:完成回原点操作之后,轴的绝对位置。 Mode=1:对当前轴位置的修正值
Mode	Int		回原点模式
		0	绝对式直接归位,新的轴位置为参数"Position"位置的值
		1	相对式直接归位,新的轴位置等于当前轴位置+参数"Position"位置的值
		2	被动回原点,将根据轴组态进行回原点。回原点后,将新的轴位置设置为参数"Position"的值
		3	主动回原点,按照轴组态进行回原点操作。回原点后,将新的轴位置设置为参数"Position"的值
		6	绝对编码器调节(相对),将当前轴位置的偏移值设置为参数"Position"的值。计算出的绝对值偏移值保存在 CPU 内
		7	绝对编码器调节(绝对),将当前的轴位置设置为参数"Position"的值。计算出的绝对值偏移值保存在 CPU 内

表 4-1-4 以"点动"模式移动轴指令块相关输入触点的说明

参数	数据类型	说明
Axis	TO_SpeedAxis	轴工艺对象
JogForward	Bool	如果参数值为 TRUE,则轴都将按参数"Velocity"中指定的速度正向移动
JogBackward	Bool	如果参数值为 TRUE,则轴都将按参数"Velocity"中指定的速度反向移动
Velocity	Real	点动模式的预设速度。 限值:启动/停止速度≤速度≤最大速度
InVelocity	Bool	如果参数值为 TRUE,则轴都将达到参数"Velocity"中指定的速度

表 4-1-5 以绝对方式定位轴指令块相关输入触点的说明

参数	数据类型	说明
Axis	TO_PositioningAxis	轴工艺对象
Execute	Bool	上升沿时启动命令
Position	Real	绝对目标位置
Velocity	Real	轴的速度。 由于所组态的加速度和减速度以及待接近的目标位置等原因,轴不会始终保持这一速度。 限值:启动/停止速度≤Velocity≤最大速度

(二)高速计数器及其指令

1. 高速计数器概述

高速计数器能对超出 CPU 普通计数器能力的脉冲信号进行测量。西门子 S7-1200 PLC 中的 CPU 提供了多个高速计数器(HSC1～HSC6),用以快速响应脉冲输入信号。高速计数器的计数速度比 PLC 的扫描速度要快得多,因此高速计数器可独立于用户程序工作,不受扫描时间的限制。用户通过相关指令和硬件组态控制高速计数器的工作。高速计数器的典型应用是利用光电编码器测量转速和位移。

2. 高速计数器的工作模式

所有高速计数器在同种计数器运行模式下的工作模式相同。高速计数器共有以下四种工作模式。

(1)单相计数,内部方向控制。

高速计数器单相计数的原理如图 4-1-2 所示。高带计数器单相计数,内部方向控制的原理是:高速计数器采集并记录时钟信号的个数,当内部方向信号为高电平时,高速计数器的当前数值增加;当内部方向信号为低电平时,高速计数器的当前数值减小。

(2)单相计数,外部方向控制。

高速计数器单相计数,外部方向控制的原理是:高速计数器采集并记录时钟信号的个数,当外部方向信号(如外部按钮信号)为高电平时,高速计数器的当前数值增加;当外部方

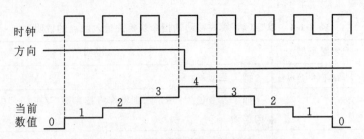

图 4-1-2　高速计数器单相计数的原理

向信号为低电平时,高速计数器的当前数值减小。

(3) 加减两相计数,两路时钟脉冲输入。

高速计数器加减两相计数的原理如图 4-1-3 所示。高速计数器采集并记录时钟信号的个数,加计数信号端子与减计数信号端子分开。当加计数有效时,高速计数器的当前数值增加;当减计数有效时,高速计数器的当前数值减小。

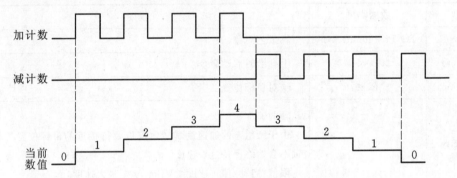

图 4-1-3　高速计数器加减两相计数的原理

(4) A/B 相正交计数。

高速计数器 A/B 相正交计数的原理如图 4-1-4 所示。高速计数器采集并记录时钟信号的个数,A 相计数信号端子和 B 相计数信号端子分开。当 A 相计数信号超前时,高速计数器的当前数值增加;当 B 相计数信号超前时,高速计数器的当前数值减小。利用光电编码器(或者光栅尺)测量位移和速度时,通常采用这种工作方式。

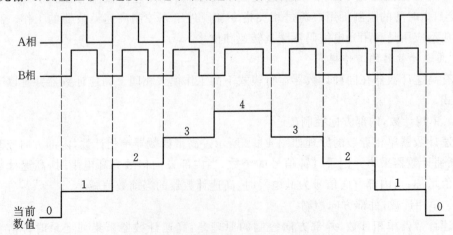

图 4-1-4　高速计数器 A/B 相正交计数的原理

西门子 S7-1200 PLC 支持 1 倍速、双倍速和 4 倍速输入脉冲频率。

3．高速计数器的应用

高速计数器的典型应用是对由运动控制轴编码器生成的脉冲进行计数。必须先在项目设置 PLC 设备配置中组态高速计数器，然后才能在程序中使用高速计数器。高速计数器设备配置设置包括选择计数模式、I/O 口连接、中断分配以及是作为高速计数器来测量脉冲频率还是作为设备来测量脉冲频率。无论是否采用程序控制，均可操作高速计数器。

CPU 将每个高速计数器的当前值存储在一个输入 I 地址中。表 4-1-6 列出了为每个高速计数器当前值分配的默认地址。可以通过在设备配置中修改 CPU 的属性来更改高速计数器当前值的输入 I 地址。

表 4-1-6　为高速计数器当前值分配的默认地址

高速计数器当前值	数据类型	默认地址	描述
HSC1	DInt	ID1000	使用 CPU 集成 I/O 口、信号板或监控 PTO1
HSC2	DInt	ID1004	使用 CPU 集成 I/O 口、监控 PTO2
HSC3	DInt	ID1008	使用 CPU 集成 I/O 口
HSC4	DInt	ID1012	使用 CPU 集成 I/O 口
HSC5	DInt	ID1016	使用 CPU 集成 I/O 口、信号板
HSC6	DInt	ID1020	使用 CPU 集成 I/O 口

在设备配置期间分配高速计数器设备使用的数字量 I/O 口。将数字 I/O 口分配给高速计数器设备之后，无法通过监视表格强制功能修改所分配的数字量 I/O 口的地址值。

4．高速计数器的指令

高速计数器指令块共有两条，高速计数时，不一定会使用，这里仅介绍 CTRL_HSC 指令块（见图 4-1-5）。

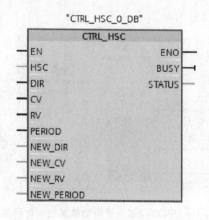

图 4-1-5　高速计数器 CTRL_HSC 指令块

高速计数器 CTRL_HSC 指令块的输入参数及其数据类型和说明如表 4-1-7 所示。

表 4-1-7　高速计数器 CTRL_HSC 指令块的输入参数及其数据类型和说明

参数名称	数据类型	说明
ENO	Bool	使能输出
HSC	HW_HSC	高速计数器的硬件地址（HW-ID）
DIR	Bool	启用新的计数方向，为"1"表示使能新方向
CV	Bool	启用新的计数值，为"1"表示使能新初始值
RV	Bool	启用新的参考值，为"1"表示使能新参考值
PERIOD	Bool	启用新的频率测量周期
NEW_DIR	Int	DIR＝TRUE 时装载的计数方向
NEW_CV	DInt	CV＝TRUE 时装载的计数值
NEW_RV	DInt	当 RV＝TRUE 时，装载参考值
NEW_PERIOD	Int	PERIOD＝TRUE 时装载的频率测量周期
BUSY	Bool	处理状态，CPU 或信号板中带有高速计数器时，BUSY 的参数通常为 0
STATUS	Word	运行状态，可查找指令执行期是否出错

二、决策计划

本任务的决策计划是：确定工作组织方式，划分工作阶段，讨论设计、安装及调试工艺流程和工作计划，分配工作任务，组织实施，验收评价。

三、实施过程

（一）设计、安装电气系统

物品盒输送线采用步进电动机进行驱动，并采用 PLC 控制步进电动机。所设计的 PLC 控制步进电动机系统如图 4-1-6 所示。

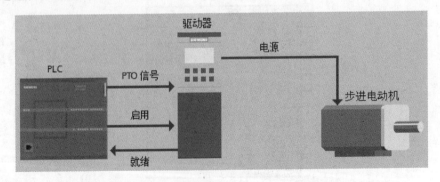

图 4-1-6　PLC 控制步进电动机系统设计示意图

步进电动机选用雷赛智能的 86 型步进电动机，步进电动机的驱动器选用雷赛智能的 DM860 数字式两相步进驱动器。DM860 数字式两相步进驱动器采用差分式接口电路，可使用差分信号，具有单端共阴、共阳等接口，内置高速光电耦合器，允许接收长线驱动器、集电极开路和 PNP 输出电路的信号。在环境恶劣的场合,推荐用长线驱动器电路,它的抗干扰能力强。在本系统中采用的步进电动机输入接口电路示意图如图 4-1-7 所示。

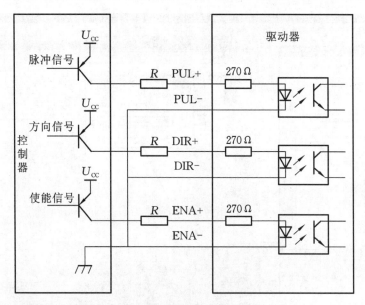

图 4-1-7 步进电动机的输入接口电路示意图

U_{cc} 为 12 V 时,R 为阻值为 1 kΩ、消耗功率不小于 1/4 W 的电阻;U_{cc} 为 24 V 时,R 为阻值为 2 kΩ、消耗功率不小于 1/4 W 的电阻。PLC、步进电动机与步进电动机驱动器的接线图如图 4-1-8 所示。

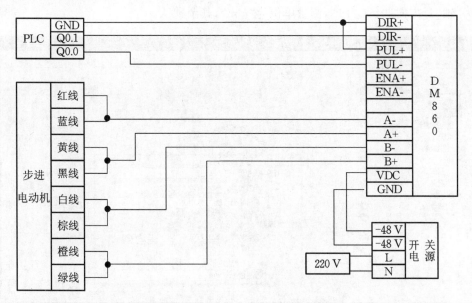

图 4-1-8 PLC 控制步进电动机系统 PLC、步进电动机与步进电动机驱动器的接线图

(二)编写 PLC 程序

1. 建立工艺对象(轴)

如图 4-1-9 所示,单击"插入新对象",出现"新增对象"对话框,在该对话框中选中"运动控制",然后填写名称,再单击选中"TO_PositioningAxis",默认自动选择的"编号"(也可改为手动自设置,编号指的是该轴的 DB 编号),最后单击"确定"按钮,等待一段时间。

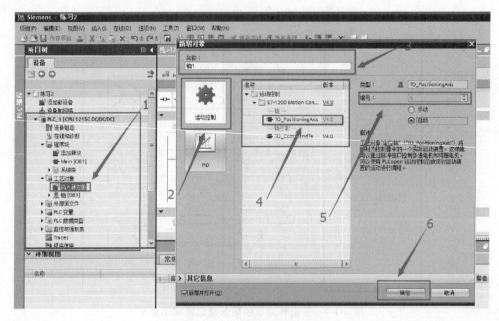

图 4-1-9 建立工艺对象(轴)

进入该轴的属性设置界面,如图 4-1-10 所示,单击"常规",修改参数:选择脉冲发生器为"Pulse_1",信号类型为"PTO(脉冲 A 和方向 B)",脉冲输出为"轴_1_脉冲""%Q0.0",脉冲方向为"轴_1_方向""%Q0.1",测量单位为"mm",其余默认。

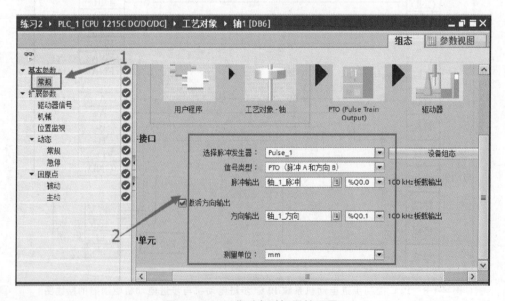

图 4-1-10 工艺对象(轴)属性设置

2. 编写 PLC 控制步进电动机程序

(1) 导入步进电动机驱动块。如图 4-1-11 所示,在电动机右栏工艺中将"运动控制"下

"S7-1200 Motion Control"下的"MC_Power"拖动到程序编辑窗口并进行参数设置。

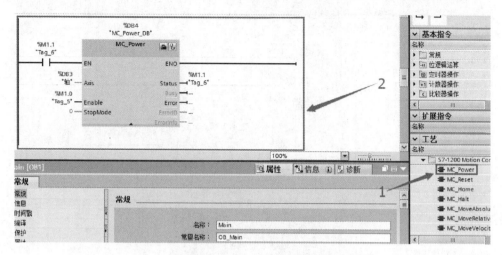

图 4-1-11 导入步进电动机驱动块并进行设置

(2) 导入回原点、手动点动以及绝对值运动指令块。在电动机右栏工艺中将"运动控制"下"S7-1200 Motion Control"下的"MC_Home""MC_MoveJog""MC_MoveAbsolute"拖动到程序编辑窗口并进行设置,设置如图 4-1-12 所示。

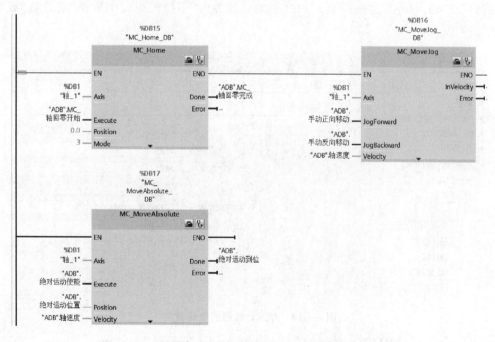

图 4-1-12 回原点、手动点动以及绝对值运动指令块的设置

3. 组态高速计数器

打开 PLC 设备视图,选中其中的 CPU。选中巡视窗口"属性"选项卡左边的高速计数器 HSC1 的"常规",勾选"启用该高速计数器",如图 4-1-13 所示。

如图 4-1-14 所示,选中左边窗口中的"功能",在右边窗口设置下列参数:"计数类型"选

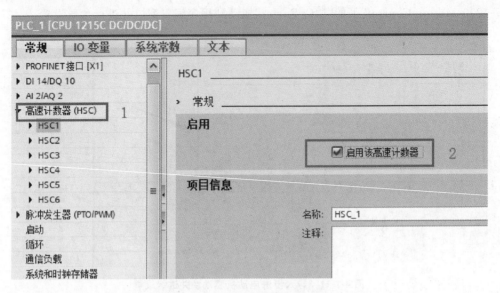

图 4-1-13 启用高速计数器 HSC1

择"计数"、"频率"或"运动控制";在"工作模式"下拉式列表中选择"单相"、"两相位"、"A/B
计数器"或"AB 计数器 4 倍频";在"计数方向取决于"下拉式列表中选择"用户程序(内部方
向控制)"或"输入(外部方向控制)";在"初始计数方向"下拉式列表中选择"增计数"或"减
计数"。

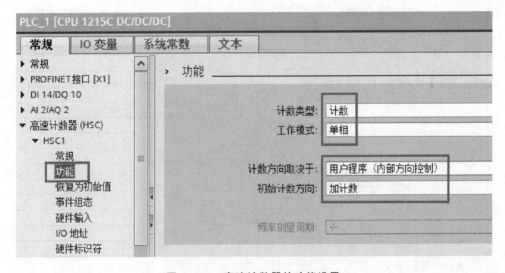

图 4-1-14 高速计数器的功能设置

选中图 4-1-15 左边窗口的"初始值",然后在右边窗口中设置"初始计数器值"和"初始参
考值"。

选中图 4-1-16 左边的"I/O 地址",可以在右边窗口修改高速计数器的起始地址。高速
计数器默认的起始地址为 1000。

在硬件中断组织块 OB40 中编写 PLC 程序如图 4-1-17 所示,该 PLC 程序用于调用高速
计数器指令块。

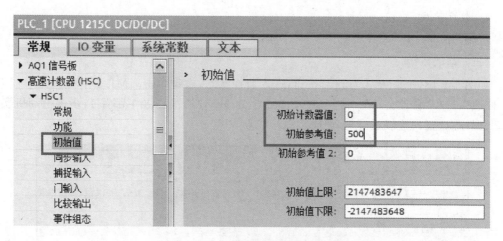

图 4-1-15　设置高速计数器的初始值

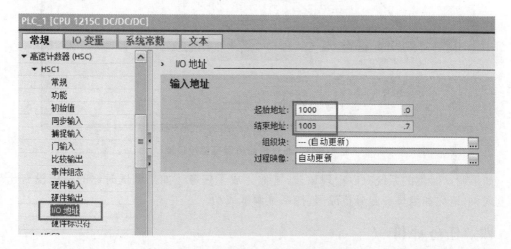

图 4-1-16　设置高速计数器的 I/O 地址

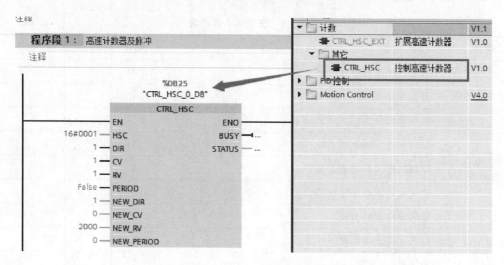

图 4-1-17　高速计数器脉冲程序调用

4. 程序下载

将编写好的 PLC 程序下载至 PLC。

（三）调试系统

如图 4-1-18 所示，单击"监控"按钮，进入监控状态，右键单击％M1.1 下的"Tag_＊"，选择"修改"，选中"修改为 1"。将％M1.1、％M1.0、％M1.3、％M3.1 都置 1，步进电动机实现点动、回原点、正向连续运转等动作。

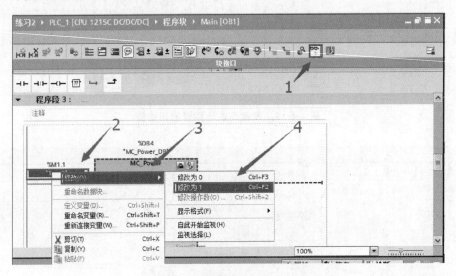

图 4-1-18 步进电动机运行监控设置

如果调试时你的系统有以上现象，恭喜你完成了任务。如果调试时你的系统没有出现以上现象，请你和组员一起分析原因，把系统调试成功。

四、任务评价

完成任务后，进行任务评价，并填写表 4-1-8。

表 4-1-8 任务 4.1 评价表

项目	内容	配分	得分	备注
团队合作	实施任务过程中有讨论	5		
	有工作计划	5		
	有明确的分工	5		
设计电气系统图	设计的电气系统图可行	5		
	绘制的电气系统图美观	5		
	电气元件图形符号标准	5		
安装电气系统	电气元件安装牢固	5		
	电气元件分布合理	5		
	布线规范、美观	5		
	接线牢固，且无露铜过长现象	5		

项目	内容	配分	得分	备注
控制功能	步进电动机能回原点	10		
	步进电动机能实现点动	10		
	步进电动机能按照规定速度到达指定地点	10		
6S 管理	安装完成后,工位无垃圾	5		
	安装完成后,工具和配件摆放整齐	5		
安全事项	安装过程中,无损坏元器件及人身伤害现象	5		
	通电调试过程中,无短路现象	5		
总分				

【扩展提高】

一、简答题

(1) 西门子 S7-1200 PLC 高速计数器的工作模式有哪些?

(2) PTO1 的默认输出地址是什么?

(3) 如果使用三通道增量式编码器,它与 PLC 如何进行连接?

二、训练任务

启动步进电动机,并测量转速。

请你和组员一起设计并安装该电气系统,编写 PLC 程序,下载并调试 PLC 程序。

◀ 任务 4.2　直流电动机恒速控制系统 ▶

【任务描述】

使用 PLC 的 SCL 语言编写一个主程序,实现对一台直流电动机的启停控制。

请你和组员一起设计并安装该电气系统,编写 PLC 程序,下载并调试 PLC 程序。

【任务目标】

知识目标:

(1) 了解 SLC 的相关概念及特点。

(2) 掌握西门子 S7-1200 PLC SCL 编程方法。

(3) 能运用专业知识分析故障现象,能判断出故障的大概范围。

能力目标:

(1) 能通过查阅资料,设计出 PLC 控制直流电动机的电气系统图。

(2) 通过学习本任务,能够在规定的时间内编写及调试 PLC 控制直流电动机的程序。

(3) 能够排除调试过程中出现的故障。

素质目标:

(1) 养成按国家标准或行业标准从事专业技术活动的职业习惯。

（2）提升学生综合运用专业知识的能力，培养学生精益求精的工匠精神。

（3）培养学生的团队协作能力和沟通能力。

【任务实施】

一、知识准备

（一）SCL 的概念

SCL（structured control language，结构化控制语言）是一种类似于计算机高级语言的编程语言。它的语法规范接近计算机中的 PASCAL 语言。SCL 编程语言实现了 IEC 61131-3 标准中定义的 ST 语言（结构化文本）的 PLC open 初级水平。

（二）SCL 的特点

（1）符合国际标准 IEC 61131-3。

（2）获得了 PLC open 基础级认证。

（3）是一种类似于 PASCAL 的高级编程语言。

（4）适用于西门子 S7-300、S7-400、C7、S7-1200 和 WinAC 产品。SCL 为 PLC 做了优化处理，它不仅具有 PLC 典型的元素，而且具有高级语言的特性。

（5）对设计人员要求较高，需要设计人员具有一定的计算机高级语言的知识和编程技巧。

（三）SCL 的应用范围

由于 SCL 是高级编程语言，所以它非常适于完成以下任务：复杂运算功能，复杂数学函数，数据管理，过程优化。由于具备的优势，SCL 在编程中的应用越来越广泛，有的 PLC 厂家已经将 SCL 作为首推编程语言。

（四）SCL 编程语言基础

1. 运算符

一个表达式代表一个值。表达式可以由单个地址（单个变量）或者几个地址（几个变量）利用运算符结合在一起组成。运算符有优先级，遵循一般算术运算的规律。SCL 中的运算符如表 4-2-1 所示。

表 4-2-1　SCL 中的运算符

序号	类别	名称	运算符	优先级
1	赋值	赋值	:=	11
2	算术运算	幂运算	**	3
		一元加	+	2
		一元减	−	2
		乘	*	4
		除	/	4
		模运算	MOD	4
		加	+	5
		减	−	5

序号	类别	名称	运算符	优先级
3	比较运算	小于	<	6
		大于	>	6
		小于或等于	<=	6
		大于或等于	>=	6
		等于	=	7
		不等于	<>	7
4	逻辑运算	非	NOT	3
		与	AND, &	8
		异或	XOR	9
		或	OR	10
5	其他运算	括号	()	1

2. 表达式

表达式是为了计算一个终值所用的公式,由地址(变量)和运算符组成。表达式的规则如下。

(1)两个运算符之间的地址(变量)与优先级高的运算结合。

(2)按照运算符优先级进行运算。

(3)具有相同的运算级别,从左到右运算。

(4)表达式之前的减号表示该标识符乘以-1。

(5)算数运算不能两个或者两个以上连用。

(6)圆括号用于越过优先级。

(7)算数运算不能用于连接字符或者逻辑运算。

(8)左圆括号与右圆括号的个数应相等,即左圆括号与右圆括号应配对使用。

(五)控制语句

SCL 提供的控制语句可分为三类:选择语句、循环语句和跳转语句。

1. 选择语句

选择语句有 IF 语句和 CASE 语句,使用方法和 C 语言中的使用方法类似。选择语句功能说明如表 4-2-2 所示。

表 4-2-2 选择语句功能说明

序号	选择语句	说明
1	IF	是二选一语句,判断是"TRUE"还是"FALSE",进入相应的分支进行执行
2	CASE	是一个多选语句,根据变量值,程序有多个分支

2. 循环语句

SCL 提供的循环语句有三种:FOR 语句、WHILE 语句和 REPEAT 语句。循环语句功能说明如表 4-2-3 所示。

表 4-2-3　循环语句功能说明

序号	循环语句	说明
1	FOR	只要控制变量在指定的范围内,就重复执行语句序列
2	WHILE	只要一个执行条件满足,就周而复始地执行某一语句
3	REPEAT	重复执行某一语句,直到终止该程序的条件满足为止

3. 跳转语句

SCL 中的跳转语句有四种:CONTINUE 语句、NXIT 语句、GOTO 语句和 RETURN 语句。跳转语句功能说明如表 4-2-4 所示。

表 4-2-4　跳转语句功能说明

序号	语句	说明
1	CONTINUE	用于终止当前循环反复执行
2	NXIT	不管循环终止条件是否满足,在任意点退出循环
3	GOTO	使程序立即跳转到指定的标号处
4	RETURN	使得程序跳出正在执行的块

(六) 光电编码器

光电编码器是一种通过光电转换将输出轴上的机械几何位移量转换成脉冲或数字量的传感器。光电编码器由光栅盘(码盘)和光电检测器件等组成,如图 4-2-1 所示。光栅盘是在一定直径的圆板上等分地开通若干长方形孔而构成的。

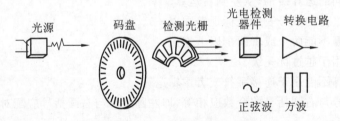

图 4-2-1　光电编码器的组成

光电编码器安装位置如图 4-2-2 所示。由于码盘与电动机同轴,电动机旋转时,码盘与电动机同速旋转。经发光二极管等电子元件组成的检测装置检测并输出若干脉冲信号,通过计算光电编码器每秒输出脉冲的个数就能反映当前电动机的转速。光电编码器的输出信号波形如图 4-2-3 所示。为判断旋转方向,码盘还可提供相位相差 90° 的两路脉冲信号。

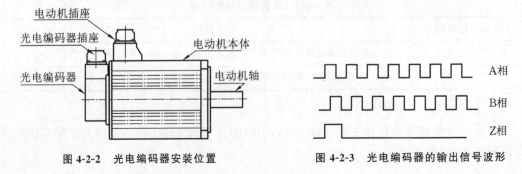

图 4-2-2　光电编码器安装位置　　　　图 4-2-3　光电编码器的输出信号波形

光电编码器通过计算每秒输出脉冲的个数（或数据变化速度）来反映当前电动机的转速，如果能够确定每转一圈代表的位移量，就能够通过测量脉冲（或当前值）来计算位移。可以用上节所讲授的高速计数器功能来记录光电编码器的脉冲数，从而获得直流电动机的转速和位移量等数据。

二、决策计划

本任务的决策计划是：确定工作组织方式，划分工作阶段，讨论设计、安装及调试工艺流程和工作计划，分配工作任务，组织实施，验收评价。

三、实施过程

（一）设计、安装电气系统

1. PLC 的 I/O 口分配

PLC 的 I/O 口分配表如表 4-2-5 所示。

表 4-2-5　任务 4.2 PLC 的 I/O 口分配表

输入		输出	
输入继电器	元件	输出继电器	作用
I0.0～I0.3	光电编码器	Q0.0	启停直流电动机
I0.3	启动按钮 SB1	Q0.1	直流电动机换向
I0.4	停止按钮 SB2		

2. 电气系统图设计

根据 PLC 的 I/O 口分配表设计电气系统图，如图 4-2-4 所示。

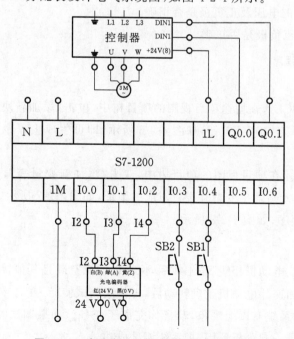

图 4-2-4　直流电动机恒速控制的电气系统图

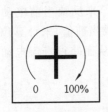

图 4-2-5　内部调速电位器

使用内部调速方式调速时,外接调速接口(Ve)需悬空,且 SW1 拨码需处于 ON 状态,内部调速电位器顺时针转至 100%,电动机转速由 0 增至最大。本电气系统有使能反转功能,该功能可根据用户需求设定。内部调速电位器如图 4-2-5 所示。

3. 安装元器件,连接电路

根据图 4-2-4 安装元器件,并连接电路。

安装该电气系统前,应准备好安装使用的工具、材料、设备和技术资料,具体清单如表 4-2-6 所示,并做好工作现场和技术资料的管理工作。

表 4-2-6　直流电动机恒速控制系统安装所需器材清单

类别	名称
工具	电工钳、斜口钳、剥线钳、压线钳、一字螺丝刀、十字螺丝刀、万用表
材料	多股铜芯线(BV-0.75)、冷压头、安装板、线槽、自攻钉
设备	空气开关、开关电源(24 V)、按钮(2 个)、变频器 MM440(1 个)、24 V LED 灯(2 个)、中间继电器(1 个)、西门子 S7-1200 PLC、下载网线
技术资料	电气系统图、工作计划表、PLC 编程手册、相关电气安装标准手册

4. 检查电路

一般情况下,每接完一个电路,都要对电路进行一次必要的检查,以免出现严重的损坏。电路具体检查项目如下。

(1) 电路里有无短路现象。

(2) PLC 所连接的电压及正负极是否正确。

(3) 负载电压及正负极是否正确。

(二) 编写 PLC 程序

(1) 新建项目。

新建一个项目"SCL",在博途项目视图的项目树中,单击"添加新块",新建程序块,编程语言选为"SCL",再单击"确定"按钮,如图 4-2-6 所示,即可生成主程序 OB123,它的编程语言为 SCL。

(2) 新建变量表。在项目视图的项目树中,双击"添加新变量表",弹出变量表对话框,在该对话框中定义输入与输出变量并设置对应的地址,如图 4-2-7 所示。

(3) 编写 SCL 程序,如图 4-2-8 所示。

(三) 调试系统

正确接好电源线、电动机相线、霍尔线后,保证电动机空载且其他接口悬空,使用内部调速方式调速,并缓慢加速。电动机正确转动后,再依次测试使能、方向、外接调速等功能。

如果调试时你的系统有以上现象,恭喜你完成了任务。如果调试时你的系统没有出现以上现象,请你和组员一起分析原因,把系统调试成功。

图 4-2-6 添加新块，选择 SCL

	名称	数据类型	地址	保持
	变量表_1			
	Start	Bool	%I0.3	
	Stop	Bool	%I0.4	
	Motor	Bool	%Q0.0	
	<添加>			

图 4-2-7 创建变量表

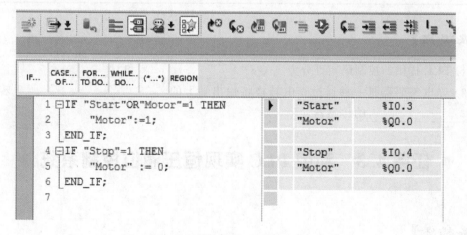

图 4-2-8 编写直流电动机恒速控制 SCL 程序

四、任务评价

完成任务后,进行任务评价,并填写表 4-2-7。

表 4-2-7　任务 4.2 评价表

项目	内容	配分	得分	备注
团队合作	实施任务过程中有讨论	5		
	有工作计划	5		
	有明确的分工	5		
设计电气系统图	设计的电气系统图可行	5		
	绘制的电气系统图美观	5		
	电气元件图形符号标准	5		
安装电气系统	电气元件安装牢固	5		
	电气元件分布合理	5		
	布线规范、美观	5		
	接线牢固,且无露铜过长现象	5		
控制功能	按下启动按钮,直流电动机启动	10		
	可通过控制器调节直流电动机的转速	10		
	按下停止按钮,直流电动机停止转动	10		
6S 管理	安装完成后,工位无垃圾	5		
	安装完成后,工具和配件摆放整齐	5		
安全事项	安装过程中,无损坏元器件及人身伤害现象	5		
	通电调试过程中,无短路现象	5		
总分				

【扩展提高】

(1) SCL 提供的控制语句可分为三类:_____、_____和_____。

(2) 光电编码器是一种通过光电转换将输出轴上的_____转换成_____的传感器。

◀ 任务 4.3　利用 PLC 实现恒压液位控制系统 ▶

【任务描述】

使用 PLC 实现恒压液位供水系统的控制。恒压液位供水系统主要由水压传感器及变频泵(变频电动机驱动的水泵)组成,即系统控制要求是按下启动按钮后由变频器启动电动机,按下停止按钮后电动机停止运行,当实际液位到达设定液位时,PLC 能自动调整电动机的转速,以维持实际液位在液位设定值的位置,实际液位低于下限水位或高于上限水位时均停机。

请你和组员一起设计并安装该电气系统,编写 PLC 程序,下载并调试 PLC 程序。

【任务目标】

知识目标:

(1) 了解 PID 控制原理。

(2) 掌握西门子 S7-1200 PLC PID 指令的使用。

(3) 能运用专业知识分析故障现象,判断出故障的大概范围。

能力目标:

(1) 能通过查阅资料,设计出供水系统 PLC 控制的电气系统图。

(2) 通过学习本任务,能够在规定的时间内编写及调试供水系统 PLC 程序。

(3) 能够排除调试过程中出现的故障。

素质目标:

(1) 养成按国家标准或行业标准从事专业技术活动的职业习惯。

(2) 提升学生综合运用专业知识的能力,培养学生精益求精的工匠精神。

(3) 培养学生的团队协作能力和沟通能力。

【任务实施】

一、知识准备

(一)PID 控制原理

典型的 PLC 模拟量单闭环控制系统框图如图 4-3-1 所示。其中,被控制量 $C(t)$ 是连续变化的模拟量信号(如压力、温度、流量、转速等),多数执行机构(如电动调节阀和变频器等)要求 PLC 输出模拟量信号,而 PLC 的 CPU 只能处理数字量信号,所以 $C(t)$ 首先被测量元件(传感器)和变送器转换成标准量程的直流电流信号或直流电压信号,如 4～20 mA,1～5 V,0～10 V 等,PLC 通过 A/D 转换器将它们转换为数字量 $PV(n)$。

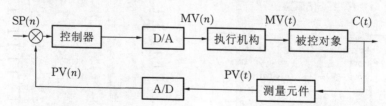

图 4-3-1 典型的 PLC 模拟量单闭环控制系统框图

图 4-3-1 中的 $SP(n)$ 是给定值,$PV(n)$ 为经 A/D 转换后的实际值,通过控制器中对给定值与实际值的误差的 PID 计算,经 D/A 转换后去控制执行机构,进而使实际值趋近给定值。

PID 控制器中的 P、I、D 分别指的是比例、积分、微分,PID 控制算法是一种闭环控制算法。西门子 S7-1200 PLC 提供了多达 16 个 PID 控制器,这 16 个 PID 控制器同时用于回路控制,用户可手动调试 PID 控制器的参数,也可使用自增定功能调试 PID 控制器的参数,即由 PID 控制器自动调整参数。

(二)变送器的选择

变送器用于将电量或非电量转换为标准量程的电流或电压,然后送给模拟量输入模块。变送器分为电流输出型变送器和电压输出型变送器。电压输出型变送器具有恒压源的性质,PLC 模拟量输入模块电压输入端的输入阻抗很高,如电压输入时西门子 S7-1200 PLC 模拟量输入模块电压输入端的输入阻抗大于或等于 9 MΩ。如果变送器距离 PLC 较远,微小的干扰信号电流在模块的输入阻抗上将产生较大的干扰电压信号。例如,2 μA 干扰电流在 9 MΩ 输入阻抗上将会产生 18 V 的干扰电压信号,所以远程传送的模拟电压信号的抗干扰能力很差。

电流输出具有恒流源的性质,恒流源的内阻很大。西门子 S7-1200 PLC 的模拟量输入模块输入电流时,输入阻抗为 280 Ω。线路上的干扰信号在模块的输入阻抗上产生的干扰电压很低,所以模拟电流信号适于远程传送。

电流输出型变送器分为二线制和四线制两种。四线制电流输出型变送器有两根电源线和两根信号线。二线制电流输出型变送器只有两根外部接线,这两根外部接线既是电源线,也是信号线,可输出 4～20 mA 的信号电流(直流电源串接在回路中)。有的二线制电流输出型变送器通过隔离式安全栅供电。通过调试,在被检测信号量程的下限输出电流为 4 mA,被检测信号满量程时输出电流为 20 mA。二线制电流输出型变送器接线少,可以远传信号,在工业中得到了广泛的应用。

(三)PID 指令块

PID 指令块的视图分为集成视图与扩展视图,如图 4-3-2 所示,指令块左侧参数为其输入参数,右侧参数为其输出参数。在不同的视图下所能看见的参数是不一样的。

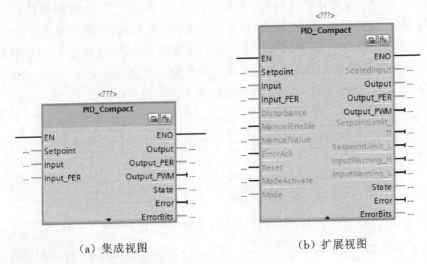

(a)集成视图   (b)扩展视图

图 4-3-2 PID 指令块的视图

PID 指令的输入/输出参数分别如表 4-3-1 和表 4-3-2 所示。

表 4-3-1   PID_Compact 指令的输入参数

参数名称	数据类型	默认值	说明
Setpoint	Real	0	PID 控制器在自动模式下的设定值
Input	Real	0	用户程序的变量用作过程值的源
Input_PER	Int	0	模拟量输入用作过程值的源
Disturbance	Real	0	扰动变量或预控制值
ManualEnable	Bool	FALSE	上升沿时会激活"手动模式",下降沿时会激活由 Mode 指定的工作模式。建议只使用 ModeActivate 更改工作模式
ManualValue	Real	0	该值用作手动模式下的输出值
ErrorAck	Bool	FALSE	上升沿将复位 ErrorBits 和 Warning
Reset	Bool	FALSE	重新启动控制器。 上升沿切换到"未激活"模式,将复位 ErrorBits 和 Warnings。无法使用调试对话框。 如果下降沿 ManualEnable=FALSE,则 PID_Compact 会切换到保存在 Mode 中的工作模式
ModeActivate	Bool	FALSE	上升沿 PID_Compact 将切换到保存在 Mode 参数中的工作模式

表 4-3-2   PID_Compact 指令的输出参数

参数名称	数据类型	默认值	说明
ScaledInput	Real	0	标定的过程值
Output	Real	0	REAL 形式的输出值
Output_PER	Int	0	模拟量输出值
Output_PWM	Bool	FALSE	脉宽调制输出值。输出值由变量开关时间形成
SetpointLimit_H	Bool	FALSE	如果 SetpointLimit_H=TRUE,则说明达到了设定值的绝对上限(Setpoint ≥ Config.SetpointUpperLimit)。 此设定值将限制为 Config.SetpointUpperLimit
SetpointLimit_L	Bool	FALSE	如果 SetpointLimit_L=TRUE,则说明已达到设定值的绝对下限(Setpoint ≤ Config.SetpointLowerLimit)。 此设定值将限制为 Config.SetpointLowerLimit
InputWarning_H	Bool	FALSE	如果 InputWarning_H=TRUE,则说明过程值已达到或超出警告上限
InputWarning_L	Bool	FALSE	如果 InputWarning_L=TRUE,则说明过程值已经达到或低于警告下限
State	Int	0	State 参数显示了 PID 控制器的当前工作模式。可使用输入参数 Mode 和 ModeActivate 处的上升沿更改工作模式。 0~5 分别表示未激活、预调节、精确调节、自动模式、手动模式、带错误监视的替代输出值

参数名称	数据类型	默认值	说明
Error	Bool	FALSE	"1"状态时,则此周期内至少有一条错误消息处于未决状态。
ErrorBits	DWord	DW#16#0	ErrorBits 参数显示了处于未决状态的错误消息。通过 Reset 或 ErrorAck 的上升沿来保持并复位 ErrorBits

可以同时组态使用输入 Input 和 Input_PER,也可以同时使用输出 Output、Output_PER 和 Output_PWM。

在西门子 S7-1200 PLC 中,PID 控制器的功能主要靠循环中断组织块、PID 指令块和工艺对象背景数据块实现。用户在调用 PID 指令块时需要定义其背景数据块,而此背景数据块需要在工艺对象中添加,称为工艺对象背景数据块。PID 指令块与其相对应的工艺对象背景数据块组合使用,形成完整的 PID 控制器。

循环中断组织块可按一定周期产生中断,执行其中的程序。PID 指令块定义了 PID 控制器的控制算法,随着循环中断组织块产生中断而周期性地执行,工艺对象背景数据块用于定义输出/输入参数、调试参数以及监控参数。

二、决策计划

本任务的决策计划是:确定工作组织方式,划分工作阶段,讨论设计、安装及调试工艺流程和工作计划,分配工作任务,组织实施,验收评价。

三、实施过程

(一)设计、安装电气系统

1. PLC 的 I/O 口分配

PLC 的 I/O 口分配表如表 4-3-3 所示。

表 4-3-3　任务 4.3 PLC 的 I/O 口分配表

输入		输出	
输入继电器	元件	输出继电器	元件
I0.0	启动按钮 SB1	Q0.0	变频器 KA
I0.1	停止按钮 SB2	AO	变频器(正极)
AIO	变送器(负极)	AOM	变频器(负极)
AM	变送器(正极)		

2. 电气系统图设计

根据 PLC 的 I/O 口分配表,设计电气系统图,如图 4-3-3 所示。

3. 安装元器件,连接电路

根据图 4-3-3 安装元器件,并连接电路。

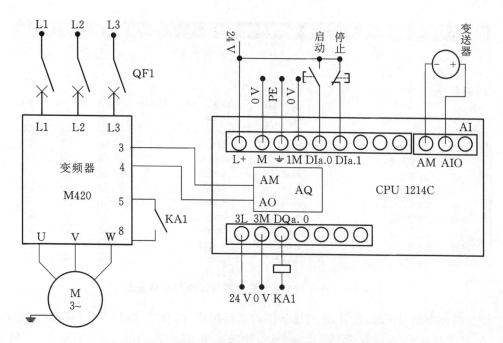

图 4-3-3 利用 PLC 实现恒压液位控制的电气系统图

安装该电气系统前,应准备好安装使用的工具、材料、设备和技术资料,具体清单如表 4-3-4 所示,并做好工作现场和技术资料的管理工作。

表 4-3-4 利用 PLC 实现恒压液位控制系统安装所需器材清单

类别	名称
工具	电工钳、斜口钳、剥线钳、压线钳、一字螺丝刀、十字螺丝刀、万用表
材料	多股铜芯线(BV-0.75)、冷压头、安装板、线槽、自攻钉
设备	空气开关、开关电源(24 V)、按钮(2个)、变频器 M420(1个)、中间继电器(1个)、西门子 S7-1200 PLC、下载网线
技术资料	电气系统图、工作计划表、PLC 编程手册、相关电气安装标准手册

4. 检查电路

一般情况下,每接完一个电路,都要对电路进行一次必要的检查,以免出现严重的损坏。电路具体检查项目如下。

(1)电路里有无短路现象。

(2)PLC 所连接的电压及正负极是否正确。

(3)负载电压及正负极是否正确。

(二)编写 PLC 程序

(1)设置 PLC 变量表,如图 4-3-4 所示。利用 PLC 实现恒压液位控制系统由按钮控制启动、停止,也可以在 PLC 中设定好"液位设定值",由 PLC 自行判断当前液位与液位设定值的差值后自动启动。

利用PLC实现恒压液位控制系统 ▸ PLC_1 [CPU 1214C DC/DC/DC] ▸ PLC 变量 ▸ 变量表_1 [11]

变量表_1

		名称	数据类型	地址	保持	可从 ...	从 H...	在 H...
1	⬦	启动	Bool	%I0.0		☑	☑	☑
2	⬦	停止	Bool	%I0.1		☑	☑	☑
3	⬦	恒压启动	Bool	%M4.0		☑	☑	☑
4	⬦	液位变送器	Word	%IW64		☑	☑	☑
5	⬦	当前液位	Real	%MD20		☑	☑	☑
6	⬦	变频器启动	Bool	%Q0.0		☑	☑	☑
7	⬦	变频器模拟量设置	Word	%QW96		☑	☑	☑
8	⬦	变频器频率	Real	%MD24		☑	☑	☑
9	⬦	液位设定值	Real	%MD10		☑	☑	☑
10	⬦	Tag_1	DWord	%MD14		☑	☑	☑
11	⬦	Tag_2	DWord	%MD18		☑	☑	☑

图 4-3-4　利用 PLC 实现恒压液位控制 PLC 变量表

添加循环中断组织块,在 TIA 博途软件的项目树中,选择"添加程序块"选项,弹出如图 4-3-5 所示的对话框,在该对话框中选择"组织块",选中"Cyclic interrupt"选项,单击"确定"按钮。注意循环时间的设定,默认值为"100"。

图 4-3-5　添加循环中断组织块

在循环中断程序中加入 PID_Compact 指令块。在指令树中打开"工艺",选择"PID 控制",将"PID_Compact"指令块拖拽到循环中断组织块中,并将参数按照图 4-3-6 进行设置。

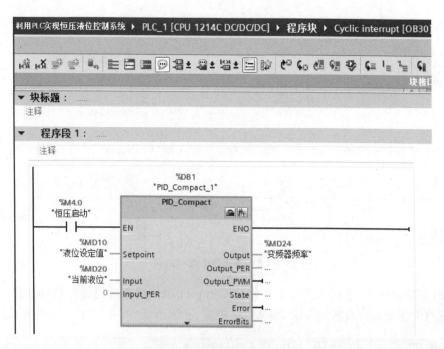

图 4-3-6　调用 PID 指令块

在 Main(OB1)程序块里编写恒压启动及变频器启动程序,如图 4-3-7 所示,系统可以由按钮控制变频器的启动与停止。

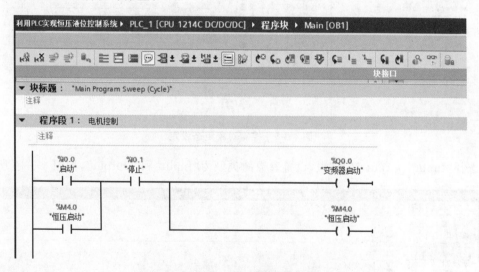

图 4-3-7　恒压启动及变频器启动程序

在 Main(OB1)程序块里使用标准化和缩放功能转化变送器参数,如图 4-3-8 所示,液位变送器的数据经过指令块处理成可以在 HMI 上显示,即液位变送器输送到 PLC 的整数范围为 0~32 767,该数值需转化为实际的液位数值,故使用标准化指令块配合缩放指令块来转化。首先使用标准化指令"NORM_X"将 0~32767 标准化为 0~1.0 浮点数,然后将该浮点数用缩放指令"SCALE"缩放为 0~30 cm 的液位。用相同的方法对变频器的数值进行标准化及缩放,这样有利于后期用 HMI 等方式对变频器的数值进行监控和修改。

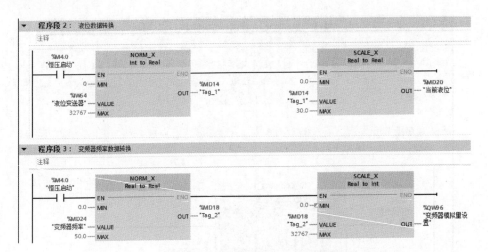

图 4-3-8　变送器参数标准化

在 PLC 项目树下,选择工艺对象下 PID_Compact 中的组态功能进行参数设置。主要设置为勾选"CPU 重启后激活 Mode",将 Mode 设定为"非活动"模式,如图 4-3-9 所示。

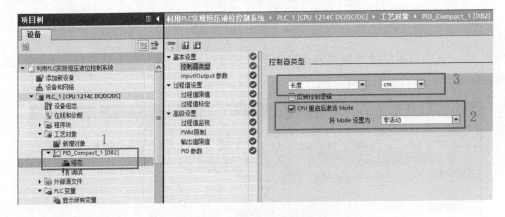

图 4-3-9　控制对象组态设定

选择"Input/Output 参数"项,设置参数的类型为"Input"和"Output",如图 4-3-10 所示。

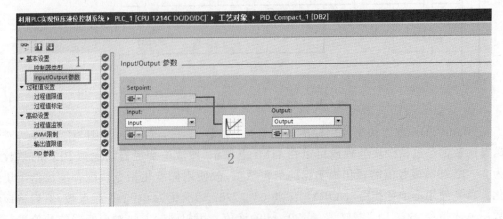

图 4-3-10　设置参数的类型

选中图 4-3-11 左侧窗口中的"输出值限值"项,因为变频器的最大频率输出为 50 Hz,所以将输出值限值调整为"50.0",使在手动模式或自动模式下 PID 控制器的输出值不超过变频器的频率上限、不低于变频器的频率下限。

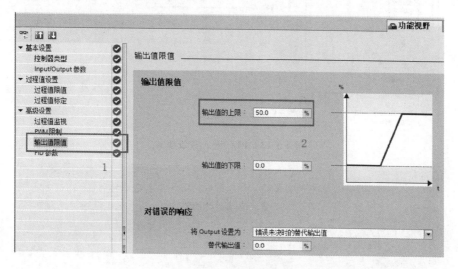

图 4-3-11 输出值限制

PID 参数可以用手动的方式进行设置,具体操作如图 4-3-12 所示。也可以在设定好 PID 参数后将 PID 参数下载到 PLC 内,选择 PID_Compact 里的调试功能进行 PID 参数自动调试。

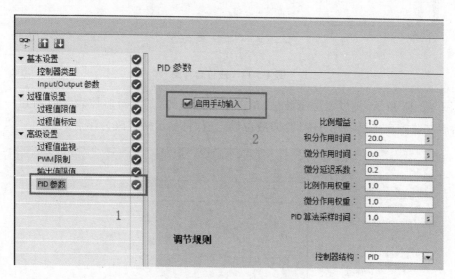

图 4-3-12 PID 参数的设置

设定好 PID 参数后,进入 PID 调试模式,优化 PID 参数,使其达到最佳的效果。首先选择项目树内 PID 指令中的调试功能,然后单击 Start 键,如图 4-3-13 所示,PLC 会自动进入在线模式。

进入在线模式后,在屏幕上的趋势图会显示当前液位、输出值、设定值,如图 4-3-14 所示,接下来进行 PID 调试。

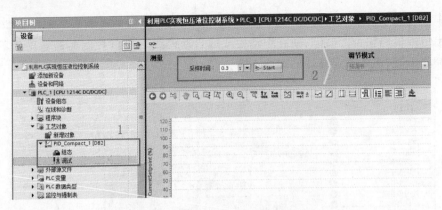

图 4-3-13　PLC 进入在线模式

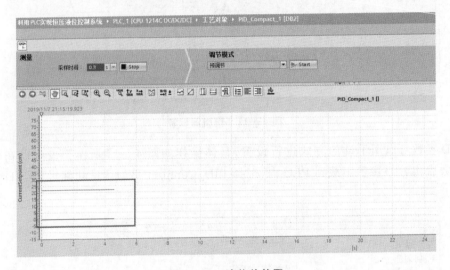

图 4-3-14　液位趋势图

如图 4-3-15 所示，先设定恒压液位，单击项目树内的"添加新监控表"项，新建一个监控表 1，然后在监控表 1 里添加 MD10，即液位设定值，将显示格式改为浮点数。

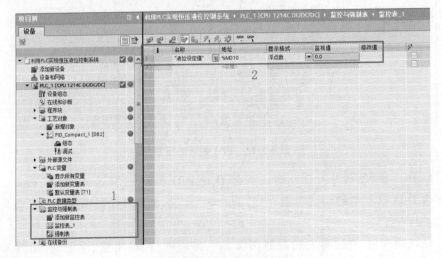

图 4-3-15　修改液位设定值

进入监控模式,在修改值栏输入数值并单击"立即修改"按钮,如图 4-3-16 所示。

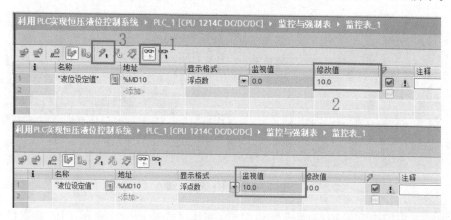

图 4-3-16 监控已修改液位设定值

返回 PID 调试界面,按下 I0.0 恒压开始按钮,变频器开始上电,恒压指令开始运作,液位设定值也显示在液位趋势图上,如图 4-3-17 所示,此时 PID 指令还未计算输出值。选择调节模式为精确调节,并单击 Start 键,PID 指令将会根据设备特征进行自动调节,调节的进度会显示在"调节状态"处。

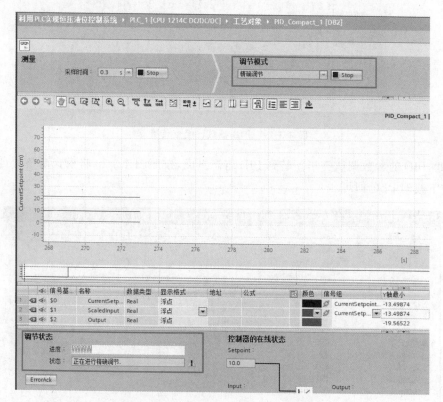

图 4-3-17 监控系统运行中的各数据状态

PID 参数调节完毕后,系统会在"调节状态"处显示"系统已调节",如图 4-3-18 所示,并且 PLC 会执行调节后的参数,但并未上传参数到项目中,需要手动单击"上传 PID 参数",才可以将 PID 参数上传到项目中并保存。

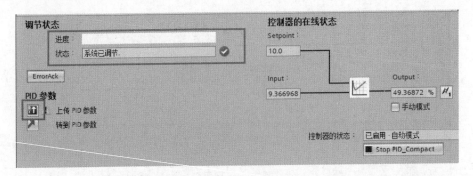

图 4-3-18 PID 参数上传

图 4-3-18 中的感叹号图标变成绿色对号,如图 4-3-19 所示,表示 PID 参数已经上传完毕。

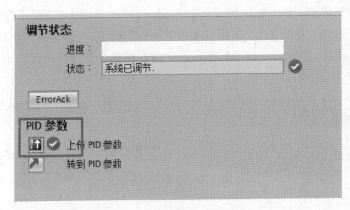

图 4-3-19 PID 参数已经上传完毕

至此,PID 的参数调试完毕。转到 PID 组态页面,按照图 4-3-20 将模式调整为自动模式后,完整下载到 PLC 即可。

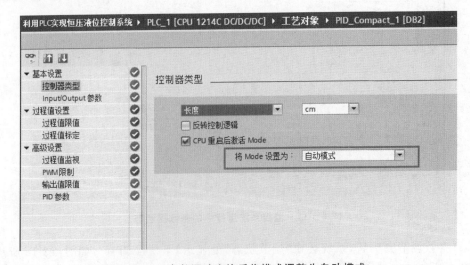

图 4-3-20 参数调试完毕后将模式调整为自动模式

（2）设置变频器参数。变频器主要参数设置如表 4-3-5 所示。

表 4-3-5 变频器参数设置

序号	参数		数 值	数值说明
	代码	含义		
1	P700	选择命令来源	2（缺省值）	由端子排输入
2	P701	数字输入 1 的功能	1（缺省值）	ON/OFF1（接通正转/停车命令 1）
3	P1000	频率设定值的选择	2（缺省值）	模拟设定值
4	P304	电动机额定电压	380 V	
5	P305	电动机额定电流	0.18 A	
6	P307	电动机额定功率	0.03 kW	
7	P311	电动机额定速度	1 300 r/min	
8	P1120	斜坡上升时间	1 s	
9	P1121	斜坡下降时间	0.1 s	
10	P0753	AD 的平滑时间	100 ms	

（三）调试系统

（1）系统上电后，按下启动按钮，电动机启动。

（2）实际液位到达液位设定值，电动机停止。

（3）降低实际液位后，电动机自动启动并调节转速，使实际液位与液位设定值基本保持一致。

（4）按下启动按钮，电动机停止。

如果调试时你的系统有以上现象，恭喜你完成了任务。如果调试时你的系统没有出现以上现象，请你和组员一起分析原因，把系统调试成功。

四、任务评价

完成任务后，进行任务评价，并填写表 4-3-6。

表 4-3-6 任务 4.3 评价表

项目	内容	配分	得分	备注
团队合作	实施任务过程中有讨论	5		
	有工作计划	5		
	有明确的分工	5		
设计电气系统图	设计的电气系统图可行	5		
	绘制的电气系统图美观	5		
	电气元件图形符号标准	5		

项目	内容	配分	得分	备注
安装电气系统	电气元件安装牢固	5		
	电气元件分布合理	5		
	布线规范、美观	5		
	接线牢固,且无露铜过长现象	5		
控制功能	PLC 控制变频器启动电动机	10		
	在自动模式下能改变变频器频率值	10		
	在自动模式下实际液位与液位设定值相近	10		
6S 管理	安装完成后,工位无垃圾	5		
	安装完成后,工具和配件摆放整齐	5		
安全事项	安装过程中,无损坏元器件及人身伤害现象	5		
	通电调试过程中,无短路现象	5		
总分				

【扩展提高】

一、填空题

(1) 西门子 S7-1200 PLC 内置了三种 PID 指令,分别是_____、_____、_____。

(2) PID 控制器中,P 代表_____,I 代表_____,P 代表_____。

(3) PID_Compact 指令块的视图分为_____和_____。

(4) 采用_____控制器,可以使系统在进入稳态后无稳态误差。

(5) _____控制器能改善系统调节过程中的动态特性。

二、训练任务

有一台电炉,要求炉温控制在一定的范围。电炉的工作原理如下。

当设定电炉温度后,CPU 1211C 经过 PID 运算后,由 Q0.0 输出一个脉冲,该脉冲被串送到固态继电器,固态继电器根据信号(弱电信号)的大小控制电热丝加热电压(强电)的大小(甚至至通断),温度传感器测量电炉的温度,温度信号经过变送器的处理后输入模拟量输入端子,再被送到 CPU 1211C 以进行 PID 运算,如此循环。编写控制程序。

请你和组员一起设计并安装该电气系统,编写 PLC 程序,下载并调试 PLC 程序。

◀ 任务 4.4　两台西门子 S7-1200 PLC 的通信系统 ▶

【任务描述】

实现两台西门子 S7-1200 PLC 之间的 PROFINET 通信,实现西门子 S7-1200 PLC 之间的数据传输。

请你和组员一起设计并安装该电气系统,编写 PLC 程序,下载并调试 PLC 程序。

【任务目标】

知识目标:

(1) 掌握 PROFINET 通信的硬件组态。

(2) 掌握西门子 S7-1200 PLC PROFINET 通信指令的使用。

(3) 能运用专业知识分析故障现象,判断出故障的大概范围。

能力目标:

(1) 能通过查阅资料,设计出两台西门子 S7-1200 PLC 相互联机传输数据的通信系统。

(2) 通过学习本任务,能够在规定的时间内编写及调试 PLC 通信程序。

(3) 能够排除调试过程中出现的故障。

素质目标:

(1) 养成按国家标准或行业标准从事专业技术活动的职业习惯。

(2) 提升学生综合运用专业知识的能力,培养学生精益求精的工匠精神。

(3) 培养学生的团队协作能力和沟通能力。

【任务实施】

一、知识准备

(一) S7 通信

S7 协议是专门为西门子控制产品优化设计的通信协议。S7 协议是面向连接的协议,具有较高的安全性。所有 SIMATIC S7 控制器都集成了用户程序可以读写数据的 S7 通信服务。所有总线系统都可以支持 S7 通信服务,即以太网、PROFIBUS 网络和 MPI 网络中都可使用 S7 通信。此外,使用适当的硬件和软件组成的 PC 系统也支持基于 S7 协议的通信。

S7 协议具有以下特点:具有独立的总线介质;可用于所有 S7 数据区;一个任务最多传送达 64 KB 数据;第 7 层协议可确保数据记录的自动确认;由于对 SIMATIC 通信的最优化处理,所以在传输大量数据时对处理器和总线产生低负荷。

西门子 S7-1200 PLC 的 PROFINET 接口有两种网络连接方法:直接连接和网络连接。

(1) 直接连接。当一台西门子 S7-1200 PLC 与一个编程设备、一个 HMI 或另一台 PLC 通信时,也就是说只有两个通信设备时,实现的是直接通信。直接连接不需要使用交换机,用网线直接连接两个通信设备即可。

(2) 网络连接。当多个通信设备进行通信时,也就是说通信设备数量在两个以上时,实现的是网络连接。多个通信设备的网络连接需要使用以太网交换机来实现。

(二) S7 通信指令块

S7 通信指令块分为 GET 指令块与 PUT 指令块,如图 4-4-1 所示,指令块左侧参数为其输入参数,右侧参数为其输出参数。

GET 指令与 PUT 指令的参数分别如表 4-4-1 和表 4-4-2 所示。

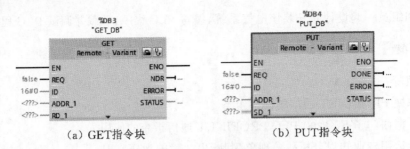

（a）GET指令块　　　　　　（b）PUT指令块

图 4-4-1　S7 通信指令块

表 4-4-1　GET 指令的参数

参数名称	数据类型	存储区	说明
REQ	Bool	I、Q、M、D、L 或常量	控制参数 request,在上升沿时激活数据交换功能
ID	Word	I、Q、M、D、L 或常量	用于指定与伙伴 CPU 连接的寻址参数
NDR	Bool	I、Q、M、D、L	状态参数。 0:作业尚未开始或仍在运行。 1:作业已成功完成
ERROR	Bool	I、Q、M、D、L	状态参数 ERROR 和 STATUS,错误代码。 ERROR＝0,STATUS 的值为 0000H:既无警告也无错误。 0000H:警告,详细信息请参见 STATUS。
STATUS	Word	I、Q、M、D、L	ERROR＝1,出错;STATUS 提供了有关错误类型的详细信息
ADDR_1	Remote	I、Q、M、D、L	指向伙伴 CPU 上待读取区域的指针。 指针 Remote 访问某个数据块时,必须始终指定该数据块。 示例:P♯DB10.DBX5.0 字节 10
RD_1	Variant	I、Q、M、D、L	指向本地 CPU 上用于输入已读数据的区域的指针

表 4-4-2　PUT 指令的参数

参数名称	数据类型	存储区	说明
REQ	Bool	I、Q、M、D、L 或常量	控制参数 request,在上升沿时激活数据交换功能
ID	Word	I、Q、M、D、L 或常量	用于指定与伙伴 CPU 连接的寻址参数
DDNE	Bool	I、Q、M、D、L	状态参数 NDR。 0:作业尚未开始或仍在运行。 1:作业已成功完成,且无任何错误
ERROR	Bool	I、Q、M、D、L	状态参数 ERROR 和 STATUS,错误代码。 ERROR＝0,STATUS 的值为 0000H:既无警告也无错误。 0000H:警告,详细信息请参见 STATUS。
STATUS	Word	I、Q、M、D、L	ERROR＝1,出错;STATUS 提供了有关错误类型的详细信息

续表

参数名称	数据类型	存储区	说明
ADDR_1	Remote	I、Q、M、D、L	指向伙伴 CPU 上用于写入数据的区域的指针。 指针 Remote 访问某个数据块时,必须始终指定该数据块。 示例:P♯DB10.DBX5.0 字节 10。 传送数据结构(如 Struct)时,参数 ADDR_i 处必须使用数据类型 Char
SD_1	Variant	I、Q、M、D、L	指向本地 CPU 上包含要发送数据的区域的指针。 仅支持 Bool、Byte、Char、Word、Int、DWord、Dint 和 Real 数据类型。 传送数据结构(如 Struct)时,参数 SD_i 处必须使用数据类型 Char

连接是指两个通信伙伴之间为了执行通信服务建立逻辑链路,而不是指两个站之间用物理媒体(例如电缆)建立联系。S7 连接是需要组态的静态连接,静态连接要占用 CPU 的连接资源。基于通信的连接分为单向连接和双向连接,西门子 S7-1200 PLC 仅支持 S7 单向连接。

单向连接中的客户机(client)是向服务器(server)请求服务的设备,客户机调用 GET/PUT 指令读、写服务器的存储区。服务器是通信中的被动方,用户不用编写服务器的 S7 通信程序,S7 通信是由服务器的操作系统完成的。因为客户机可以读、写服务器的存储区,单向连接实际上可以双向传输数据。V2.0 及以上版本的西门子 S7-1200 PLC CPU 的 PROFINET 通信口可以作 S7 通信的服务器或客户机。

二、决策计划

本任务的决策计划是:确定工作组织方式,划分工作阶段,讨论设计、安装及调试工艺流程和工作计划,分配工作任务,组织实施,验收评价。

三、实施过程

(一)设计、安装电气系统

根据控制要求可绘制出图 4-4-2 所示的原理图,两设备(PLC)通过带有水晶头的网线连接。

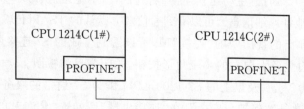

图 4-4-2 两台西门子 S7-1200 PLC 之间以以太网通信硬件原理图

西门子 S7-1200 PLC 之间有多种方式可以实现通信,可在同一个项目中添加两台西门子 S7-1200 PLC,以实现两台 PLC 之间的数据交换。

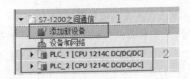

图 4-4-3　添加新设备 PLC1 及 PLC2

(二)编写 PLC 程序

在 TIA 博途软件中的西门子 S7-1200 PLC 之间通信的项目下添加两个西门子 S7-1200 PLC,如图 4-4-3所示。

添加完设备后,分别对每个设备的 CPU 及以太网端口进行参数设置,PLC_1 和 PLC_2 均为 CPU 1214C,如图 4-4-4 所示。它们 PN 接口的 IP 地址分别为 192.168.0.1 和 192.168.0.2,子网掩码为 255.255.255.0。组态时启用双方的 MB0 为时钟存储器字节。

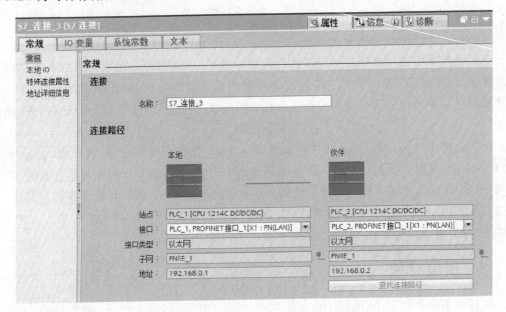

图 4-4-4　设置 PLC_1 和 PLC_2 的 IP 地址

双击项目树中的"设备和网络"项,打开网络视图,如图 4-4-5 所示。单击左上角的"连接"按钮,用选择框设置连接类型为 S7 连接,用拖拽的方法建立两个 CPU PN 接口之间名为"S7_连接_1"的连接。

选中"S7_连接_1",再选中下面的巡视窗口的"属性""常规""常规",可以看到 S7 连接的常规属性,如图 4-4-6 所示。选中左边窗口的"特殊连接属性",右边窗口可以看到未选中"单向组态"复选框(不能更改)。勾选"主动建立连接"复选框,由本地站点(PLC_1)主动建立连接。选中巡视窗口左边的"地址详细信息",可以看到通信双方默认的 TSAP(传输服务访问点)。

打开从右到左弹出的视图中的"连接"项,可以看到生成的 S7 连接的详细信息,连接的 ID 为 100。单击左边竖条上向右的小三角形按钮,关闭弹出的视图。

使用固件版本为 V4.0 及以上的 S7-1200 CPU 作为 S7 通信的服务器,选中 2 号 PLC,再分别单击"属性""常规""保护与安全",在"连接机制"区勾选"允许来自远程对象的 PUT/GET 通信访问",如图 4-4-7 所示。

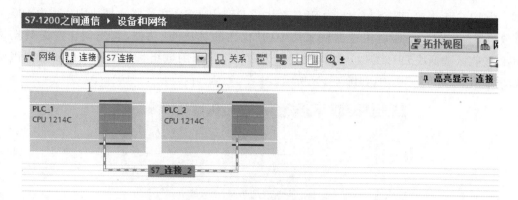

图 4-4-5 组态 S7 连接的属性

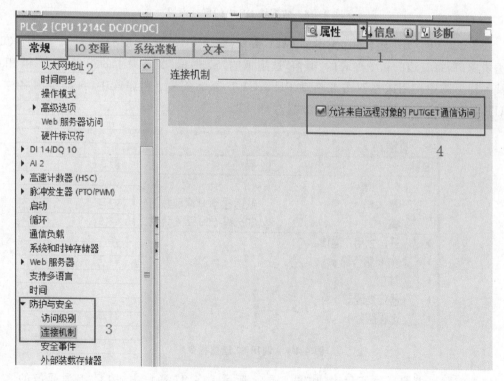

图 4-4-6 网络视图中的连接选项卡

图 4-4-7 设置 2 号 PLC 的连接机制

为 PLC_1 生成 DB1 和 DB2,为 PLC_2 生成 DB3 和 DB4,在这些数据块中生成由 100 个整数组成的数组。不要启用数据块属性中的"优化的块访问"功能,首先创建发送数据块 DB1(接收区数据块 DB2 类似),数据块定义为 200 个字节的数组且在数据块的属性中需要取消"优化的块访问"选项,如图 4-4-8 所示。

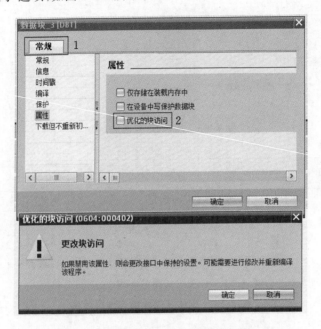

图 4-4-8 数据块 DB 中的属性设置

在 PLC_1 的 OB1 中调用 PUT 和 GET 指令,如图 4-4-9 所示,打开 PLC_1 主程序 OB1 的编辑窗口,将右边的指令列表的"通信"选项板的"S7 通信"文件夹中的指令 GET 和 PUT 拖拽到梯形图中。用鼠标双击或拖动 PUT/GET 指令至某个程序段中,自动生成名称为 "PUT_DB"和"GET_DB"的背景数据块。

通信		
名称	描述	版本
▼ ☐ S7 通信		V1.3
▪ GET	从远程 CPU 读取数据	V1.3
▪ PUT	向远程 CPU 写入数据	V1.3
▶ ☐ 开放式用户通信		V5.1
▶ ☐ WEB 服务器		V1.1
▶ ☐ 其它		
▶ ☐ 通信处理器		
▶ ☐ 远程服务		V1.9

图 4-4-9 调用 S7 通信指令

根据控制要求编写通信程序,如图 4-4-10 所示。在 S7 通信中,PLC_1 为通信的客户机。在时钟存储器位 M0.5 的上升沿,GET 指令每 1 s 读取 PLC_2 DB3 中的 100 个整数,并用本机的 DB2 保存。PUT 指令每 1 s 将本机 DB1 中的 100 个整数写入 PLC_2 的 DB4。PLC_2 在 S7 通信中作服务器,不用编写调用指令 GET 和 PUT 的程序。

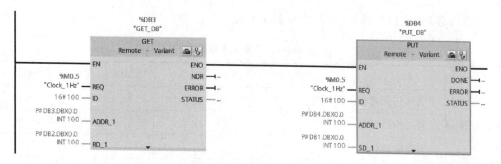

图 4-4-10　客户机读写服务器数据的程序

在客户机读写服务器数据的程序中,单击指令框下边沿的三角形符号,可以显示或隐藏指令块中的"ADDR_2"等灰色的输入参数。显示这些参数时,客户机最多可以分别读取和改写服务器的 4 个数据区。编写变量表及控制程序并分别下载到各自的 PLC 中。

(三)调试程序

将通信双方的用户程序和组态信息分别下载到 CPU,用电缆连接它们的以太网接口。通信双方进入运行模式后,将 DB1 和 DB3 中要发送的 100 个字分别预置为 16♯2019 和 16♯2020。由图 4-4-11 和图 4-4-12 所示的监控表可以看到,双方接收到的第一个字为 DB2.DBW0。主机(PLC_1)接收到伙伴(PLC_2)的十六进制数据 2020,伙伴(PLC_2)接收到主机(PLC_1)的十六进制数据 2019。

S7-1200之间通信 ▶ PLC_1 [CPU 1214C DC/DC/DC] ▶ 监控与强制表

	i	名称	地址	显示格式	监视值	修改值
1		"主站发出数据"…	%DB1.DBW0	十六进制	16#2020	
2		"主站接收数据"…	%DB2.DBW0	十六进制	16#2019	

图 4-4-11　客户机 PLC_1 数据监控表

S7-1200之间通信 ▶ PLC_2 [CPU 1214C DC/DC/DC] ▶ 监控与强制表

	i	名称	地址	显示格式	监视值	修改值
1		"发给主站数据"…	%DB3.DBW0	十六进制	16#2019	
2		"接收主站数据"…	%DB4.DBW0	十六进制	16#2020	

图 4-4-12　服务机 PLC_2 数据监控表

如果调试时你的系统有以上现象,恭喜你完成了任务。如果调试时你的系统没有出现以上现象,请你和组员一起分析原因,把系统调试成功。

四、任务评价

完成任务后,进行任务评价,并填写表 4-4-3。

表 4-4-3 任务 4.4 评价表

项目	内容	配分	得分	备注
团队合作	实施任务过程中有讨论	5		
	有工作计划	5		
	有明确的分工	5		
设计电气系统图	设计的电气系统图可行	5		
	绘制的电气系统图美观	5		
	电气元件图形符号标准	5		
安装电气系统	网线安装正确	10		
	布线规范、美观	5		
	接线牢固,且无露铜过长现象	5		
控制功能	启动两台 PLC,IP 地址正确,连接成功	10		
	主机输出数据,另一台 PLC 的监控表相对应地接收到数据	10		
	主机的数据监控表显示另一台 PLC 的数据	10		
6S 管理	安装完成后,工位无垃圾	5		
	安装完成后,工具和配件摆放整齐	5		
安全事项	安装过程中,无损坏元器件及人身伤害现象	5		
	通电调试过程中,无短路现象	5		
总分				

【扩展提高】

一、填空题

(1) SIMATIC S7 可以通过建立_____来实现发送/接收数据。

(2) _____PLC 属于服务器端。

(3) 服务器无须编写程序,这种通信方式称为_____。

(4) S7 通信模式的指令块分别是_____和_____。

(5) 更改连接机制时,需要勾选_____的 PUT/GET 通信访问。

二、训练任务

有两台设备,由西门子 S7-1200 PLC 控制,要求从设备 1 上 CPU 1214C 的 MB10 发出 1 个字节到设备 2 CPU 1211C 的 MB10。

请你和组员一起设计并安装该电气系统,编写 PLC 程序,下载并调试 PLC 程序。

西门子 S7-1200 PLC 的综合应用

◀ 任务 5.1　认识 Festo 自动化生产线 ▶

【任务描述】

Festo 是世界上最著名的气动元件、组件和系统生产厂商,公司总部位于德国。Festo 的产品在许多行业得到广泛应用,如用于汽车、电子、食品加工和包装、抓取装配和工业机器人、水处理、化工、橡胶、塑料、纺织、机床、冶金、建筑机械、轨道交通、造纸和印刷等行业。

为了方便学习使用 Festo 设备,该公司针对各行业开发相应的教学设备,如工业自动化模块化控制系统。工业自动化模块化控制系统简称为 MPS,目前还应用于世界技能大赛机电一体化项目中。MPS 包括的工作单元较多。在这一任务中,我们要完成以下工作。

(1)认识 MPS 的结构。

(2)认识 MPS 中常见的传感器。

(3)认识 MPS 中常见的气动元件。

(4)认识 MPS 的使用注意事项。

请你和组员一起完成以上工作。

【任务目标】

知识目标:

(1)了解 MPS 气路的连接。

(2)理解 MPS 电路的连接。

(3)能够运用专业知识启动和停止 MPS 工作单元。

能力目标:

(1)通过查阅资料,能够连接 MPS 工作单元的进气管,并正确调节气压。

(2)通过查阅资料,能够连接 MPS 工作单元的电源。

(3)能够排除 MPS 总进气管路的故障。

(4)能够排除 MPS 电源的故障。

素质目标:

(1)养成按国家标准或行业标准从事专业技术活动的职业习惯。

(2)提升学生综合运用专业知识的能力,培养学生精益求精的工匠精神。

(3)培养学生的团队协作能力和沟通能力。

【任务实施】

一、MPS 简介

图 5-1-1 所示是 Festo 品牌一条典型的自动化生产线。

图 5-1-1　Festo 品牌自动化生产线

　　生产线由多个独立的工作单元构成,每个工作单元都有其特定的功能,将其中的一个或多个工作单元进行组合,可以得到满足不同需求的生产加工系统。由 MPS 组成的系统可根据复杂程度分为小型系统、中型系统和大型系统,如图 5-1-2 所示。

（a）小型系统　　　　（b）中型系统　　　　（c）大型系统

图 5-1-2　由 MPS 组成的控制系统

二、MPS 工作单元的结构

　　MPS 由底车、控制面板、PLC 板和控制模块组成,如图 5-1-3 所示。
　　控制面板、控制模块与 PLC 板分别使用一根多芯电缆连接,如图 5-1-4 所示。

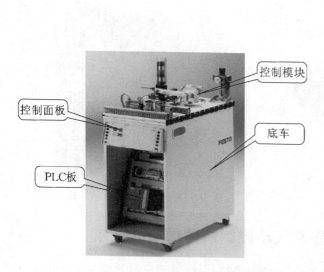

图 5-1-3 MPS 的结构

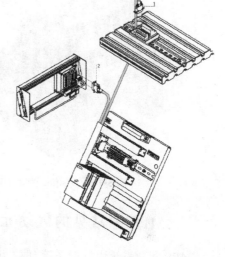

图 5-1-4 MPS 工作单元的电气连接

控制面板包括接口支架、按钮面板组件、通信面板组件、备用面板组件,如图 5-1-5 所示,控制面板同样包含 8DI/8DO 信号,通过电缆连接到 PLC 上。

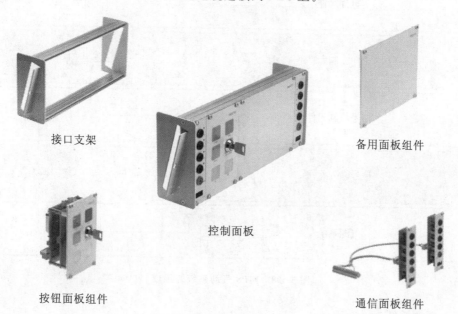

图 5-1-5 控制面板的构成

控制模块上的电气元件与 PLC 的连接使用统一的 syslink 接口(见图 5-1-6)。syslink 接口是 PLC 与输入设备、输出设备之间的桥梁,通过导轨固定在铝合金板上。

控制模块上的传感器、阀岛、电磁线圈接到端子排上,然后通过多芯电缆与 PLC 连接,接法如图 5-1-7 所示。注意 PNP/NPN 的选择开关,应根据传感器型号选择正确的位置(备注:Festo 设备较多地使用 PNP 类型传感器)。

图 5-1-6　syslink 接口

图 5-1-7　syslink 接口接线示意图

三、MPS 中常见的气动元件及气动控制回路的安装要求

MPS 气动系统由气源系统、信号输入元件、信号控制元件、方向控制元件和执行元件组成，连接示意图如图 5-1-8 所示。

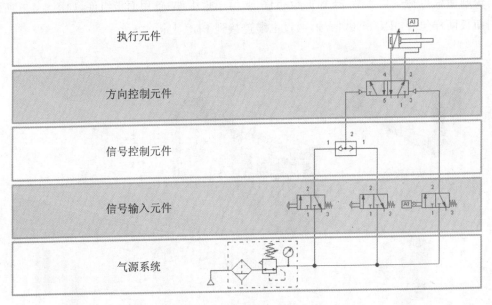

图 5-1-8　MPS 气动系统的组成

（一）气源系统

过滤、调压组件的外形及图形符号如图 5-1-9 所示。两联件由过滤器、压力表、截止阀和快插接口组成，安装在可旋转的支架上。过滤器有分水装置，可以除去压缩空气中的冷凝水、颗粒较大的固态杂质和油滴。减压阀可以控制系统中的工作压力，同时对压力的波动做出补偿。滤杯带有手动排水阀。

（二）电磁阀

电磁阀通过一个电磁线圈来控制阀芯的位置，以达到改变气体流动方向的目的或切断/接通气源。MPS 采用电磁阀实现 PLC 输出的电压信号对气路切断或接通的控制。由于 MPS 要

（a）外形　　　　（b）图形符号

图 5-1-9　过滤、调压组件的外形及图形符号

求气动控制回路流量不大,所以选择集成安装紧凑系列电磁阀。常见的集成安装紧凑系列电磁阀是 CPE-10 系列电磁阀,CPE-10 系列电磁阀的外形及图形符号如图 5-1-10 所示。

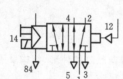
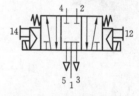

（a）外形　　（b）两位五通电磁阀图形符号　（c）三位五通电磁阀图形符号

图 5-1-10　CPE-10 系列电磁阀的外形及图形符号

CPE-10 系列电磁阀具有以下特点。

（1）阀岛 CPE-10 由各个高强度玻璃纤维加强的聚酰胺模块组成。

（2）在基本组块和扩展组块中的 PRS 通道可被封死,因此可形成不同的压力区。

（3）两端都可接气源及排气通道,气口在基本块或端块上。

（4）可从尾端或顶端接入气源及排气通道。

（5）采用卡口式连接,安装时无需螺丝。

（6）具有多种安装选项：单个安装、导轨安装、板壁式安装。

（三）气缸

气动执行组件的主要作用是利用压缩空气的能量,实现各种机械运动(直线往返运动、摆动、转动)。气动执行组件具有运动速度快、输出调节方便、结构简单、制造成本低、维修方便和环境适应性强等优点。气缸是气动装置中主要的执行组件,MPS 上使用的气缸种类繁多,功能也比较齐全,常见的有以下几种。

1.双作用气缸

双作用气缸的外形及图形符号如图 5-1-11 所示。双作用气缸主要用于实现直线往返运动。

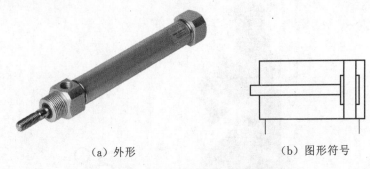

（a）外形　　　　　　　　　　（b）图形符号

图 5-1-11　双作用气缸的外形及图形符号

2. 导向气缸

导向气缸的外形、结构及图形符号如图 5-1-12 所示。双作用双活塞式导向气缸主要用于实现机械手单元 X 轴的左右伸缩。双活塞式导向气缸是由两个活塞进行驱动的,因此在相同高度的情况下能产生 2 倍于标准气缸的推力。

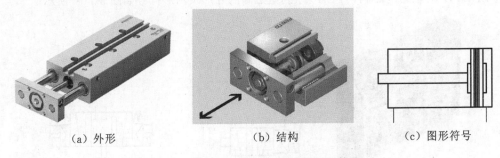

（a）外形　　　　　　（b）结构　　　　　　（c）图形符号

图 5-1-12　导向气缸的外形、结构及图形符号

3. 手指气缸

Festo 标准手指气缸的外形、结构及图形符号如图 5-1-13 所示。该手指气缸主要用于搬运和装配系统产品。它的特点如下。

（1）采用双作用活塞驱动方式。

（2）具有两种夹紧方式:向外夹紧,向内夹紧。

（3）可以以多种方式与其他驱动器结合。

（4）采用霍尔传感器或接近式传感器进行位置感应。

（5）采用外部夹头,易于实现多样性。

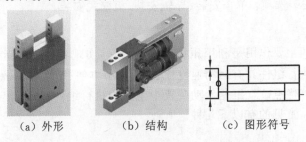

（a）外形　　　　（b）结构　　　　（c）图形符号

图 5-1-13　Festo 标准手指气缸的外形、结构及图形符号

4. 摆动气缸

摆动气缸使运动部件在 $0°\sim180°$ 范围内运动,外形紧凑,占用空间小。图 5-1-14 所示是 MPS 中常见的两款摆动气缸。

（a）齿轮齿条式摆动气缸   （b）叶片式摆动气缸

图 5-1-14　MPS 中常见的两款摆动气缸

叶片式摆动气缸的驱动力通过旋转叶片直接传送给驱动轴。可调式止动系统和旋转叶片分离,以便固定限位挡块或液压缓冲器来吸收所受到的力。此外,旋转叶片还能通过终点位置处的弹性垫获得辅助缓冲。止动块不能被移去,因为旋转叶片本身不适合作为终端位置限位挡块。驱动器背面还有刻度,以便进行行程调节。摆动气缸的结构和外形如图 5-1-15 所示。

图 5-1-15 摆动气缸的结构和外形

摆动气缸的限位有两种方法:使用传感器限位和使用缓冲器限位。摆动气缸的固定安装方式有多种。

5. 磁耦合式无杆气缸

图 5-1-16(a)所示为磁耦合式无杆气缸安装在设备上的样例,该磁耦合式无杆气缸的作用是提升物料。磁耦合式无杆气缸的图形符号如图 5-1-16(b)所示。

图 5-1-17 所示为磁耦合式无杆气缸的结构示意图。磁耦合式无杆气缸在活塞上安装了一组高磁性的稀土永久磁环,磁力线通过薄壁缸筒(采用不锈钢或铝合金非导磁材料制造)与套在外面的另一组磁环作用。由于两组磁环极性相反,磁耦合式无杆气缸具有很强的吸力。活塞在两侧输入气压作用下移动时,在磁力线的作用下,带动缸筒外的磁环套与负载一起移动。

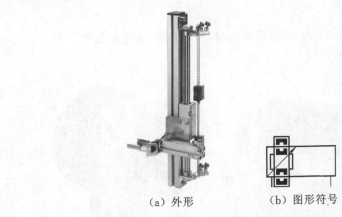

（a）外形 　　　　　（b）图形符号

图5-1-16　磁耦合式无杆气缸的外形及图形符号

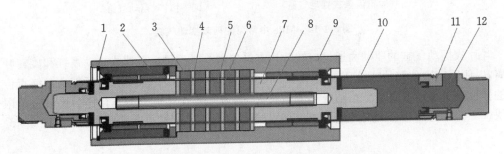

图 5-1-17　磁耦合式无杆气缸的结构示意图

1—卡环；2—压盖；3—外磁环（永久磁铁）；4—外磁导板；
5—内磁环（永久磁铁）；6—内磁导板；7—活塞；8—活塞轴；
9—套筒（移动支架）；10—气缸筒；11—端盖；12—进排气口

　　磁耦合式无杆气缸的特点是：体积小，质量轻，无外部空气泄漏，维修保养方便；当速度快、负载大时，内外磁环易脱开，即负载大小受速度的影响，且磁耦合式无杆气缸中间不可能增加支承点，最大行程受到限制。

　　6. 拨动气缸

　　在 MPS 中，拨动气缸往往安装在传送带上，主要用于改变传送带上物料的运动方向，实现对物料进行分类。拨动气缸的外形及内部结构如图 5-1-18 所示。拨动气缸的内部通过一个凸轮机构把短行程气缸的直线运动转变成旋转运动。

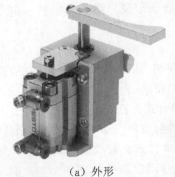

（a）外形 　　　　　　　　（b）内部结构

图 5-1-18　拨动气缸的外形及内部结构

7. 真空发生器

真空发生器根据喷射器原理产生真空,它的结构示意图如图 5-1-19 所示。当压缩空气从进气口 1 流向排气口 3 时,在真空口 1_v 处就会产生真空,吸盘与真空口 1_v 连接。如果在进气口 1 无压缩空气,则抽空过程就会停止。

图 5-1-19 真空发生器的结构示意图

配合真空发生器工作的器件如图 5-1-20 所示。

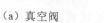

（a）真空阀　　　　（b）真空检测开关　　　（c）吸盘　　（d）单向阀　（e）真空过滤器

图 5-1-20 真空发生器组件

真空检测开关是具有开关量输出的真空压力检测装置,当进气口的气压小于一定的负压值时,传感器动作,输出开关量 1,同时,LED 灯亮;否则,输出信号 0,LED 灯灭。

8. 气动控制回路的安装要求

1) 使用气动设备的注意事项

(1) 所有使用的气动配件必须为专用配件。不符合或质量不良的配件将对气动设备及场内人员造成损害。

(2) 在安装、移除、调整任何气动设备前,必须关闭气源,并将管内及设备的剩余气体排除。这可避免误触气动开关而造成伤害。

(3) 在使用气动设备前,请确认气源开关必须放在容易触及的位置,以便当紧急状况发生时,能立即关闭气源。

(4) 开启气源或气动设备前,必须保证所有喉管及气动零件已经接驳良好及稳固,并肯定所有人已经离开气动设备的危险范围。

(5) 气管喷出的气体可能含有油滴,应避免向人或其他可能造成伤害的物体喷射。

(6) 所有气动设备必须远离火源。

(7) 请勿移除制造厂商所设置的任何安全装置。

(8) 气管、接头与气源设备必须能够承受至少 1.5 倍的最大工作压力。

(9) 切勿用压缩空气对准伤口及皮肤喷射,这会使空气打进血液而导致死亡。

(10) 气动设备用毕后切记关闭气源。

(11) 气源气压输入气压不能超过 10 bar(1 bar＝100 kPa)。

(12) 必须安装空气过滤器,以防污染物进入系统。

(13) 系统气压安装规定系统设置应在 5 bar 到 6 bar 之间,滤芯和水雾分离器根据说明书进行维护。

2) 安装工艺要求

(1) 气管和电线不能扎在一起。

（2）气管不能放入走线槽，移动的气管除外。

（3）气管和电线走线要求横平竖直，弯曲处需尽量呈半圆形。

（4）线扎间距不大于 50 mm。

（5）相邻导线和气管间的线扎间隔误差必须在（40±5）mm 范围内，且切口在侧面同一方向。

（6）对需运动的气管及电线要给予足够的余量。

（7）线卡子的扎带头需在正中间，使用正确的扎线方法。

（8）其余扎带的扎带头需统一偏向一边。

（9）气管、导线应留有适当的余量，且不能超出工作站范围，以便于调试。

四、MPS 中常见的传感器

人是靠视觉、听觉、嗅觉、味觉和触觉这些感觉器官来接受外界信息的，而一台自动化设备在运行中也有大量的信息需要准确地被"感受"，以使设备能按照设计要求实现自动化控制，自动化设备用于"感受"信息的装置就是传感器，传感器技术是实现自动化的关键技术之一。

1. 磁感应式接近开关

磁感应式接近开关简称磁性开关，它由两片接触片组成，这两片接触片被安装在填充有保护气体的玻璃圆管里。磁感应式接近开关通过电磁场的影响，实现两片接触片闭合或断开，从而控制电路的通断。磁感应式接近开关的外形有很多种，实际应用时应根据不同的气缸去选择合适的磁感应式接近开关。图 5-1-21 所示是常见的磁感应式接近开关及其图形符号。

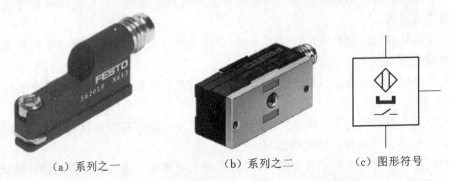

（a）系列之一   （b）系列之二   （c）图形符号

图 5-1-21　常见的磁感应式接近开关及其图形符号

可以用两个磁感应式接近开关来检测气缸活塞的两个绝对位置（最内端和最外端），如图 5-1-22 所示。气缸活塞上包有一层永久磁铁，当活塞运动到磁感应式接近开关的下方时，磁感应式接近开关就接通，否则磁感应式接近开关就断开，这样就可以检测气缸活塞的位置。

2. 对射式光电传感器

对射式光电传感器的发射器发出一束可调制的不可见红外光，该束不可调制的不可见红外光由接收器接收。当光线被物体遮断时，对射式光电传感器便产生电信号。光纤电缆和对射式光电传感器的外形如图 5-1-23 所示。

光纤电缆由一束玻璃纤维或由一条或几条合成纤维组成。光纤电缆能将光从一处传导到另一处甚至绕过拐角，工作原理是通过内部反射介质传递光线。光线通过具有高折射率

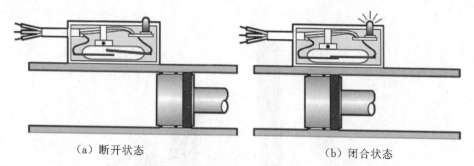

（a）断开状态   （b）闭合状态

图 5-1-22 磁感应式接近开关工作示意图

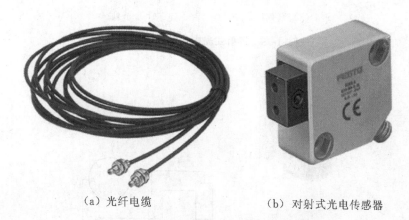

（a）光纤电缆   （b）对射式光电传感器

图 5-1-23 光纤电缆和对射式光电传感器的外形

的光纤材料和低折射率护套内表面，由此形成的光线在光纤电缆中传递。对射式光电传感器工作示意图如图 5-1-24 所示。

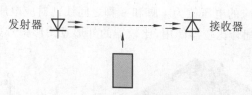

图 5-1-24 对射式光电传感器工作示意图

3. 反射式光电传感器

反射式光电传感器集发射器和接收器于一体，内置保护电路和 LED 灯。发射器发出一束可调制的不可见红外光。当被测物体经过光束时，光线被物体表面反射回接收器，反射式光电传感器便有电信号输出。反射式光电传感器的检测距离取决于被检测物体的表面反射率。反射式光电传感器的外形如图 5-1-25 所示。

4. 电阻位移传感器

电阻位移传感器的外形及内部电路如图 5-1-26 所示，在 MPS 中常用来测量工件的高度。滑动模块通过滑动变阻器检测工件的高度。该模块将电阻值转换成电压值，然后将电压值输出给比较器，对工件的高度进行判断。

在 MPS 设备上使用的电阻位移传感器的型号是 TRS-0050-S，该电阻位移传感器的测

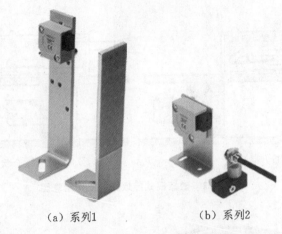

(a) 系列1　　　　(b) 系列2

图 5-1-25　反射式光电传感器的外形

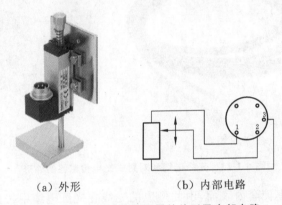

(a) 外形　　　　(b) 内部电路

图 5-1-26　电阻位移传感器的外形及内部电路

量距离为 0~25 mm,对应的电压值为 1 脚和 3 脚之间线性对应电压值的 0~100%。

电阻位移传感器常配合比较器使用,比较器的外形及图形符号如图 5-1-27 所示。

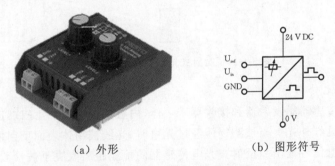

(a) 外形　　　　(b) 图形符号

图 5-1-27　比较器的外形及图形符号

比较器将电阻位移传感器的模拟量输出转换为数字量输出分为 3 种情况:第一,测量值低于极限值 1;第二,测量值介于极限值 1 和 2 之间;第三测量值大于极限值 2。

极限值可通过电位计 Level1 和 Level2 调节,调节示意图如图 5-1-28 所示;输出状态由 LED 灯指示。

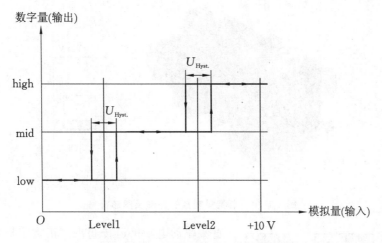

图 5-1-28 比较器极限值调节示意图

五、MPS 中常见的电气元件

在 MPS 中,除了用气动元件产生动能外,还采用电气元件产生动能。MPS 中常见的电气元件如下。

1. 直流电动机

MPS 中使用直流电动机驱动传送带、旋转平台等大功率负载,通过蜗轮改变传动方向。直流电动机的外形及图形符号如图 5-1-29 所示。

（a）外形 　　　　　　　　　　（b）图形符号

图 5-1-29 直流电动机的外形及图形符号

图 5-1-29 所示直流电动机的额定电压为 24 V,额定电流为 1 A,驱动轴额定转速为 65 r/min,可以正反转运行。

2. 电流限制器

为了保护直流电动机正常运行,使用电流限制器直接驱动直流电动机。电流限制器的外形及图形符号如图 5-1-30 所示。

电流限制器将一个继电器和一个电子电流限制器集成在一块电路板上。当浪涌电流超过 2 A 时,电流限制器工作;不工作时,电流限制器等同于一个继电器。电流限制器只适用于工作电流为 1 A 的执行器,且不能用于持续的电流限制。电流限制器接线示意图如图 5-1-31 所示。

传送带直流驱动电动机接到 OUT 和 0 V 接线端子上,将 PLC 输出端接到 IN 接线端子上,当 PLC 输出高电平时,24 V 直流电通过限流电阻通到传送带直流驱动电动机上,传送带

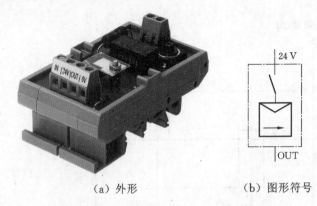

（a）外形　　　　（b）图形符号

图 5-1-30　电流限制器的外形及图形符号

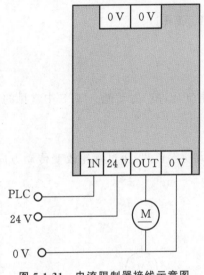

图 5-1-31　电流限制器接线示意图

直流驱动电动机运转起来。正常工作时,常常通过 PLC 控制传送带的启停。按下启动电流限制器上的按钮,将 24 V 直流电通过限流电阻通到传送带直流驱动电动机上,传送带直流驱动电动机运转起来。在调试和检修传送带的过程中,常常用这种方式检测传送带直流驱动电动机或传送带的好坏。

六、实施过程

（一）机械部件整体拆装过程

1. 拆卸步骤

（1）使用水口钳剪断扎带,注意不要剪到气管及电线。

（2）使用一字螺丝刀拆卸电路。

（3）从走线槽中取出所有气管及电线,并将气管单独放一起。

（4）使用内六角扳手拆卸元器件。

元器件拆卸原则是:由小及大,由上往下,先支后主干,先模块后细分。

注意:拆卸前可先拟订拆卸步骤,并可适当做下记录和标记,尤其是气管及电线的布局及相关工艺,重点是要求正确地使用适当工具,不要损坏元器件。

2. 装配步骤

元器件装配原则是:由大及小,由下往上,先主干后支路。

机械部件装配步骤是:先安装机械元器件并牢靠固定位置,再连接气路和电路,最后绑线及扎扎带。

注意:装配时需考虑传感器的作用范围及调整余量。

（二）系统组装注意事项

（1）拆除铝合金板上的所有零部件后,应把铝合金板清洁干净,被拆下的零部件应有序放好,并进行必要的清洁、整理。

（2）零部件应按图纸各元件相应的位置尺寸进行安装。

（3）使用工具应养成良好的放置习惯,工具及材料严禁放置在铝合金板或地面上。

（4）工具及材料应轻拿轻放，以防损坏。

（5）光纤电缆应最后连接，以防拆断。

（6）确定没有工件在工作站上才允许通电试机。

（7）符合装配安装工艺要求：螺丝＋螺母＋垫片。

（三）模拟检测

电气回路连接完毕检查无误后，应使用数字量仿真盒（SIMBOX）连接 I/O 接线端口，模拟控制全过程，进行试运行。数字量仿真盒如图 5-1-32 所示。数字量仿真盒具有模拟 MPS 工作站或 PLC 输入信号，显示输出信号数字的功能，可完成下列操作。

（1）测试 PLC 程序时，模拟输入。

图 5-1-32　数字量仿真盒

（2）设定输出信号（独立 24 V 电源供电），进一步完成 MPS 工作站的操作。

使用时把数字量仿真盒与 I/O 模块的电缆线接头连接，首先接通电源（暂不接通气源），由于推料缸两端两个极限工作位置安装有磁感应式接近开关，在两个极限工作位置时，磁感应式接近开关上的 LED 指示灯、I/O 接线端口及数字量仿真盒相应的指示灯亮，表示位置到达及能进行检测，磁感应式接近开关的安装位置可以调整。摆动气缸转位到达，I/O 接线端口及数字量仿真盒相应的指示灯亮。调整微动开关的位置，可使摆动气缸的转位角度改变。

接通气源，扳动数字量仿真盒上相应的 O 开关，可控制相应的气动动作。例如，扳动 O1 开关，将产生真空吸力，若吸附工件，则真空检测开关 LED 指示灯、I/O 接线端口及数字量仿真盒相应的指示灯亮，表示已达到设定的真空压力；扳动 O4 开关，摆动气缸摆向下一站。如此将整个控制顺序与传感器输入信号指示模拟运行，并进行相应的调整，模拟运行与设计一致后可接入 PLC，实现全程序自动运行。

【扩展提高】

一、填空题

（1）MPS 是 _____ 的简称。

（2）MPS 由 _____、_____、_____ 和 _____ 组成。

（3）MPS 中的控制面板、控制模块与 PLC 板分别使用 _____ 连接。

（4）电阻位移传感器在 MPS 中常用来测量工件的 _____。

（5）为了知道气缸活塞的两个绝对位置 _____，可以使用两个 _____ 来检测。

（6）气动系统中的减压阀可以控制系统中的 _____，同时能对压力的波动做出补偿。

（7）MPS 采用电磁阀实现 PLC 输出的电压信号对气路 _____ 或 _____ 的控制。

二、训练任务

（1）请你调节气动系统中的减压阀，使 MPS 的气路压力为 5 bar。

（2）请你调节气缸外的磁感应式接近开关，使对应的磁感应式接近开关能检测到活塞的两个绝对位置。

◀ 任务 5.2 制作供料单元控制系统 ▶

【任务描述】

通过学习本任务,进一步认识供料单元的硬件结构及功能,能够分析供料单元的工作过程,对前面所学知识进行综合应用,为后面的学习奠定基础。请你和组员一起,在考虑经济性、安全性的情况下完成以下工作。

(1)检查并确定供料单元的电气接线。

(2)编写供料单元的工作流程。

(3)编写 PLC 程序,将 PLC 程序下载至 PLC,调试供料单元,使供料单元能按工作流程自动运行。

(4)对调试后的系统功能进行综合评价。

【任务目标】

知识目标:

(1)知道阀岛、真空发生器、摆动气缸等气动元件的工作原理和技术参数。

(2)了解光电传感器、真空检测开关、磁感应式接近开关等传感器的工作原理和技术参数。

(3)知道查阅工程图纸。

能力目标:

(1)学会使用万用表、剥线钳、压线钳等电工工具。

(2)能正确识读机械和电气工程图纸。

(3)能制订调试的技术方案、工作计划。

(4)能熟练编写 PLC 程序。

素质目标:

(1)学会整理、收集安装、调试交付材料。

(2)会编写安装、调试报告。

(3)培养学生的团队协作能力和沟通能力。

【任务实施】

一、收集信息

(一)供料单元介绍

供料单元是 MPS 中的起始单元,在整个系统中起着向系统中的第二个工作单元提供原料的作用,相当于自动化生产线中的自动上料系统。它的功能是:按照需要将放置在料仓中的待加工工件自动地推出,并将待加工工件传送到第二个工作单元。

供料单元的结构组成如图 5-2-1 所示。它主要由 I/O 接线端、真空发生器、真空检测开关、对射式光电传感器、磁感应式接近开关、CPV 阀组、消声器、气源处理组件、出料模块、摆动模块、走线槽、铝合金板等组成。供料单元中较为核心的模块为出料模块和摆动模块。

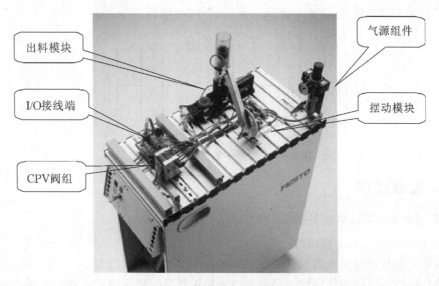

图 5-2-1　供料单元的结构组成

（二）出料模块

出料模块（见图 5-2-2）用于存储工件原料，并在需要时将料仓中的工件推送出来，为转运做准备。该模块由料仓、推料杆、双作用气缸（即推料气缸）、对射式光电传感器组成。推料杆固定在双作用气缸的活塞杆上，由双作用气缸带动工作。退料杆的主要作用是将料仓中最底部的工件推到机械极限位置。双作用气缸的推出和缩回速度由单向节流阀控制调节。

（三）摆动模块

摆动模块（见图 5-2-3）是一个气动提取装置。它的主要功能是从出料模块吸取工件，并将工件转送到下一个工作单元。摆动模块由摆动气缸、摆臂、真空吸盘、真空检测开关、真空吸盘方向保持装置和行程开关组成。

图 5-2-2　供料单元的出料模块

图 5-2-3　供料单元的摆动模块

二、决策计划

为了顺利完成该任务,请你和组员一起按图 5-2-4 完成工作。

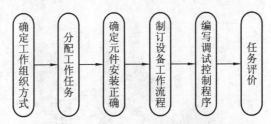

图 5-2-4 实施任务 5.2 工作流程图

三、实施过程

(一)确定电气元件安装正确

1. 供料单元的气动控制回路

供料单元的气动控制回路如图 5-2-5 所示。—1A1 为推料气缸。—1B1 和—1B2 为安装在推料气缸两个极限工作位置上的磁感应式接近开关。用磁感应式接近开关发出的开关量信号可以判断推料气缸的两个极限工作位置。

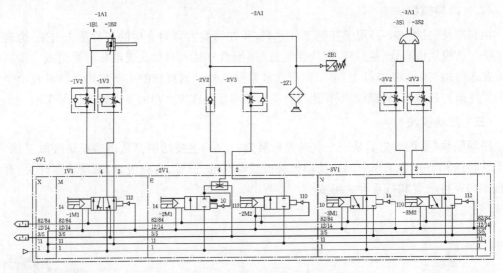

图 5-2-5 供料单元的气动控制回路

—2A1 为真空吸盘,真空吸盘工作时,可以实现工件吸取。

—2B1 为真空检测开关,当吸住工件后,真空检测开关输出电信号,可以使用该信号来判断是否吸稳工件。

—3A1 为摆动气缸,—3S1 和—3S2 是用于判断摆动气缸运动的两个极限工作位置的行程开关。

—1V2、—1V3、—2V2、—2V3、—3V2、—3V3 为单向可调节流阀。

—1V2、—1V3 用于调节推料气缸的运动速度,—3V2、—3V3 用于调节摆动气缸的运动速度,—2V2 用于保持真空作用,—2V3 用于调节真空吸盘排气量的大小。

—1M1 为控制推料气缸的 M 电磁阀线圈,—2M1、—2M2 为控制真空发生器的 E 阀的两个线圈,-3M1、-3M2 为控制摆动气缸的 N 电磁阀的两个线圈。

2. 供料单元电路图

1)传感器与 syslink 接口接线图

传感器与 syslink 接口接线图如图 5-2-6 所示。从该图中可以看出,有 4 种类型共 7 个传感器。

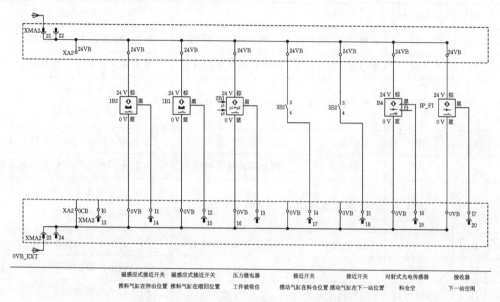

图 5-2-6 供料单元传感器与 syslink 接口接线图

2)电磁阀与 syslink 接口接线图

电磁阀与 syslink 接口接线图如图 5-2-7 所示。该从图中可以看出,syslink 接口输出 5 个信号,分别控制 5 个电磁阀的线圈。

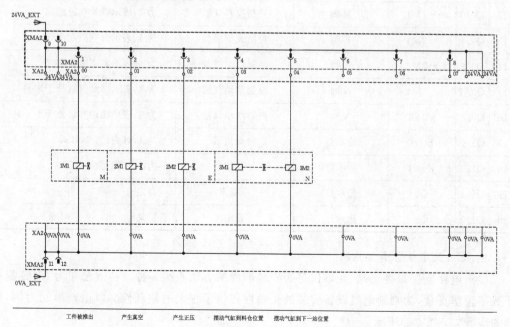

图 5-2-7 供料单元电磁阀与 syslink 接口接线图

供料单元工作台面上的传感器和电磁阀接到 syslink 接口后,再由一根多芯电缆从 syslink 接口接到 PLC。加上控制面板上的按钮和指示灯,PLC 的 I/O 口分配如表 5-2-1 所示。

表 5-2-1　任务 5.2 PLC 的 I/O 口分配表

序号	地址	文字符号	名称	作用	信号特征
1	I0.1	1B2	磁感应式接近开关	判断推料气缸的状态	为1,表示推料气缸伸出到位
2	I0.2	1B1	磁感应式接近开关	判断推料气缸的状态	为1,表示推料气缸缩回到位
3	I0.3	2B1	真空检测开关	判断工件是否被吸稳	为1,表示工件已吸稳; 为0,表示工件没吸稳
4	I0.4	3B1	行程开关	判断摆动气缸的状态	为1,表示摆动气缸在出料口位置
5	I0.5	3B2	行程开关	判断摆动气缸的状态	为1,表示摆动气缸在下一站位置
6	I0.6	B4	光电传感器	判断料仓有无工件	为1,表示料仓无工件; 为0,表示料仓有工件
7	I0.7	IP-FI	光电传感器	判断下一站是否准备好	为1,表示下一站已准备好
8	I1.0	START	按钮开关	启动	为1,表示按钮被按下
9	I1.1	STOP	按钮开关	停止	为1,表示按钮未被按下
10	I1.2	AUTO/MAN	转换开关	自动/手动	为1,表示选择手动模式 为0,表示选择自动模式
11	I1.3	RESET	按钮开关	复位	为1,表示按钮被按下
12	Q0.0	−1M1	M 阀	控制推料气缸	为1,表示推料气缸缩回
13	Q0.1	−2M1	E 阀	控制真空吸盘	为1,表示真空吸盘吸气
14	Q0.2	−2M2	E 阀	控制真空吸盘	为1,表示真空吸盘吹气
15	Q0.3	−3M1	N 阀	控制摆动气缸	为1,表示摆动气缸处于出料口
16	Q0.4	−3M2	N 阀	控制摆动气缸	为1,表示摆动气缸处于下一站
17	Q1.0	Start	指示灯	启动指示	为1,灯亮;为0,灯灭
18	Q1.1	Reset	指示灯	复位指示	为1,灯亮;为0,灯灭
19	Q1.2	Q1	指示灯	自定义	自定义
20	Q1.3	Q2	指示灯	自定义	自定义

3. 使用数字量仿真盒检测

检测电路连接是否正确、元器件是否安装准确的方法有很多种,Festo 公司为 MPS 配备了数字量仿真盒,为判断电气设备安装的正确性提供了很大的便利性。以供料单元为例,检测的步骤如表 5-2-2 所示。

表 5-2-2　使用数字量仿真盒检测供料单元电气设备安装的步骤表

步骤	操作	正确的现象	检修方案
1	数字量仿真盒接上 syslink 接口，连接 24 V 电源线，接通电源	指示灯亮	检查电源
2	打开气源，调节压力调节阀，使输出气压为 5 bar	等于 5 bar	检查空压机的输出气压
3	多次按压电磁阀 M 的手动开关	推料气缸伸出到位，Bit1 灯亮	(1) 调整伸限位磁性开关的位置； (2) 检查伸限位磁性开关电路
		推料气缸缩回到位，Bit2 灯亮	(1) 调整缩限位磁性开关的位置； (2) 检查缩限位磁性开关电路
4	按压电磁阀 E 的手动开关，让吸盘吸气的同时，人为将工件放在吸盘下	工件被吸住，Bit3 灯亮	(1) 检查节流阀－2V3 的开度； (2) 检查真空发生器连接的管路； (3) 检查真空检测开关－2B1 的设定值
5	轮换按压电磁阀 N 的两个手动开关	摆动气缸处于出料口，Bit4 灯亮	(1) 检查机械安装是否正确； (2) 检查行程开关电路；
		摆动气缸处于下一工作单元，Bit5 灯亮	(1) 检查机械安装是否正确； (2) 检查行程开关电路
6	放工件到料仓内	料仓内无工件时，Bit6 灯亮	(1) 检查光纤头的安装位置； (2) 检查光电传感器的电路
		料仓内有工件时，Bit6 灯灭	(1) 检查光纤头的安装位置； (2) 检查光电传感器的调节旋钮
7	拨动开关 Bit0	为 1 时，推料气缸缩回	(1) 检查电磁阀的接线； (2) 检查气管的连接
		为 0 时，推料气缸伸出	(1) 检查电磁阀的接线； (2) 检查气管的连接
8	分别拨动开关 Bit1 和 Bit2	Bit1 为 1、Bit2 为 0 时，真空吸盘吸气	(1) 检查电磁阀的接线； (2) 检查真空发生器的管路，以及有关气动元件
		Bit1 为 0、Bit2 为 1 时，真空吸盘吹气	(1) 检查电磁阀的接线； (2) 检查气管的连接
9	分别拨动开关 Bit3 和 Bit4	Bit3 为 1、Bit4 为 0 时，摆动气缸摆到出料口	(1) 检查电磁阀的接线； (2) 检查气管的连接
		Bit3 为 0、Bit4 为 1 时，摆动气缸摆到下一工作单元	(1) 检查电磁阀的接线； (2) 检查气管的连接

（二）明确供料单元的工作流程

在编写 PLC 程序前，必须明确供料单元的工作流程。Festo 公司在设备出厂前定义的供料单元工作流程如图 5-2-8 所示。

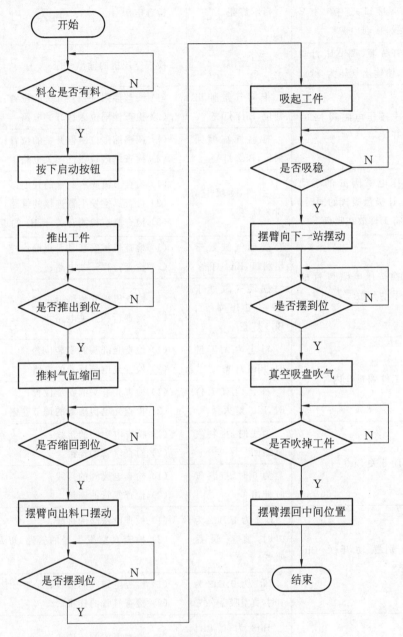

图 5-2-8　供料单元工作流程

（三）编写并调试 PLC 程序

参照 PLC 的 I/O 口分配表，以供料单元的工作流程为依据，编写 PLC 程序，并将 PLC 程序下载至 PLC，调试 PLC 程序至成功，使得供料单元能按工作流程自动运行。

四、任务评价

完成任务后,进行任务评价,并填写表 5-2-3。

表 5-2-3　任务 5.2 评价表

项目	内容	配分	得分	备注
团队合作	实施任务过程中有讨论	3		
	有工作计划	3		
	有明确的分工	3		
安装或整理电气系统	电气元件安装牢固	3		
	布线、布管规范、美观	3		
	扎带符合规范	3		
	接线牢固,且无露铜过长现象	3		
	无漏气现象	3		
6S 管理	安装完成后,工位无垃圾	3		
	安装完成后,工具和配件摆放整齐	3		
控制功能	料仓内无工件,按下启动按钮,系统不动作	5		
	料仓内有工件,按下启动按钮,推出工件	5		
	推出工件后推料气缸缩回	5		
	推料气缸缩回到位后,摆臂向出料口摆动	5		
	摆臂向出料口摆动后,吸起工件	5		
	摆臂向下一站摆动的过程中工件不掉落	5		
	摆臂到下一站后,放下工件	5		
	放下工件后,摆臂摆回中间位置(不妨碍出料模块和下一工作单元工作为合格)	10		
	料仓内有工件时,系统能自动运行	5		
安全事项	安装过程中,无损坏元器件及人身伤害现象	10		
	通电调试过程中,无短路现象	10		
总分				

请你谈一谈,在这个任务中你学会了什么技能,查阅了哪些资料,在整个过程中你和组员讨论最多的问题是什么?

【扩展提高】

一、填空题

(1) 供料模块使用_____传感器检测料仓里是否有工件。

(2) 推料气缸的推出和缩回速度由_____控制调节。

（3）供料单元使用＿＿＿＿＿＿＿检测工件是否被吸稳。

（4）－2M1、－2M2 为控制真空发生器 E 阀的两个线圈，这两个线圈＿＿＿＿＿＿＿同时得电，所以要在程序上实现＿＿＿＿＿＿＿。

（5）供料单元的摆动模块采用＿＿＿＿＿＿＿来检测限位。

二、训练任务

请你和组员一起，根据供料单元各模块的特性，制订更有效的工作流程，编写 PLC 程序，并将 PLC 程序下载至 PLC，调试 PLC 程序至成功，使得供料单元能按工作流程自动运行。

任务 5.3　制作检测单元控制系统

【任务描述】

通过学习本任务，进一步认识检测单元的硬件结构及功能，能够分析检测单元的工作过程，对前面所学知识进行综合应用，为后面的学习奠定基础。请你和组员一起，在考虑经济性、安全性的情况下完成以下工作。

（1）检查确定检测单元的电气接线。

（2）编写检测单元的工作流程。

（3）编写 PLC 程序，将 PLC 程序下载至 PLC，调试检测单元，使得检测单元能按工作流程自动运行。

（4）对调试后的系统功能进行综合评价。

【任务目标】

知识目标：

（1）知道光电传感器、电感传感器的工作原理和技术参数。

（2）知道使用位移传感器识别工件的厚度。

（3）知道查阅工程图纸。

能力目标：

（1）学会使用无杆气缸。

（2）能正确识读机械和电气工程图纸。

（3）会制订调试的技术方案、工作计划。

（4）能掌握编写 PLC 程序。

素质目标：

（1）学会整理、收集安装、调试交付材料。

（2）会编写安装、调试报告。

（3）培养学生的团队协作能力和沟通能力。

【任务实施】

一、收集信息

检测单元是 MPS 中的一个工作单元，根据系统功能，通常安装在第二个单元。该工作单元的主要作用是检测工件的材料、颜色和高度特性,然后根据要求对工件进行分流。

检测单元的结构如图 5-3-1 所示。它主要由识别模块、提升模块、测量模块、气动滑轨模块组成。

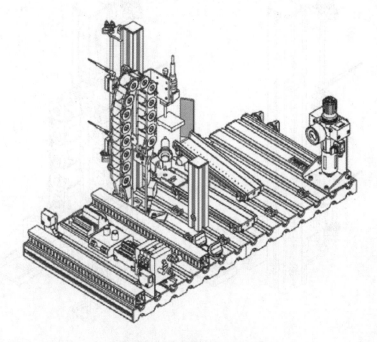

图 5-3-1　检测单元的结构

(一) 识别模块

识别模块(见图 5-3-2)由 1 个电容传感器、1 个光电传感器组成。电容传感器用于检测平台有无工件,光电传感器用于检测工件是黑色工件还是非黑色工件。

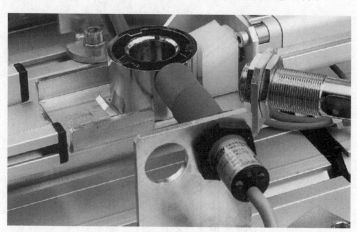

图 5-3-2　检测单元的识别模块

(二) 提升模块

提升模块(见图 5-3-3)的动力源自一个无杆气缸。无杆气缸的上、下限位分别装有 2 个磁感应式接近开关,用以作为无杆气缸的限位开关。在无杆气缸的上、下两端各装一个气控单向阀。气控单向阀主要用于在断电、断气情况下保持无杆气缸内的气压,防止无杆气缸突然下落,避免过大冲击造成器件的损坏。

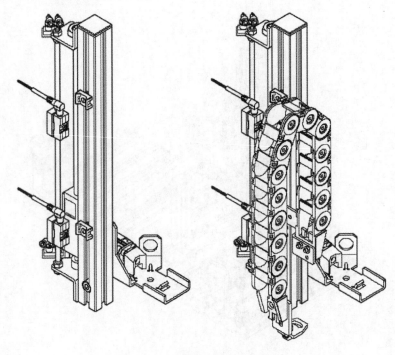

图 5-3-3　检测单元的提升模块

(三) 气动滑轨模块

气动滑轨模块如图 5-3-4 所示。滑槽倾斜固定在铝合金支架上,调整气垫可调整滑槽的性能。滑轨的下面有一个单向节流阀,用以调节滑轨的排气量。

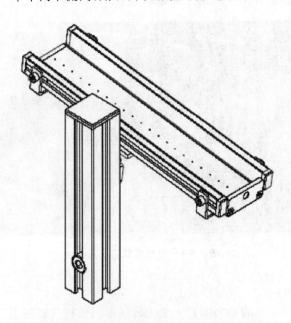

图 5-3-4　检测单元的气动滑轨模块

二、决策计划

为了顺利完成该任务,请你和组员一起按图 5-3-5 完成工作。

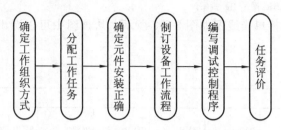

图 5-3-5 实施任务 5.3 工作流程图

三、任务实施

(一)确定电气元件安装正确

1. 检测单元的气动控制回路

检测单元的气动控制回路如图 5-3-6 所示。

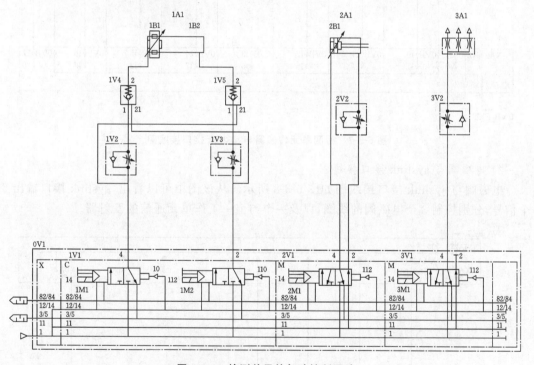

图 5-3-6 检测单元的气动控制回路

1A1 是无杆气缸;1B1、1B2 是磁感应式接近开关,用于检测无杆气缸运动的极限工作位置。

2A1 是推料气缸;2B1 是磁感应式接近开关,用于检测推料气缸的极限工作位置。

3A1 是气动滑槽。

1V2、1V3、2V2、3V2 是单向节流阀,用于调节活塞的运动速度。

1V4、1V5 是气控单向阀,用于保持无杆气缸内的气压。

1M1、1M2 是控制无杆气缸的 C 阀的 2 个线圈。

2M1 是控制推料气缸的 M 阀的线圈。

3M1 是控制气动滑槽的 M 阀的线圈。

2. 检测单元电路图

1) 传感器与 syslink 接口接线图

传感器与 syslink 接口接线图如图 5-3-7 所示。从该图中可以看出，有 4 种类型共 8 个传感器。

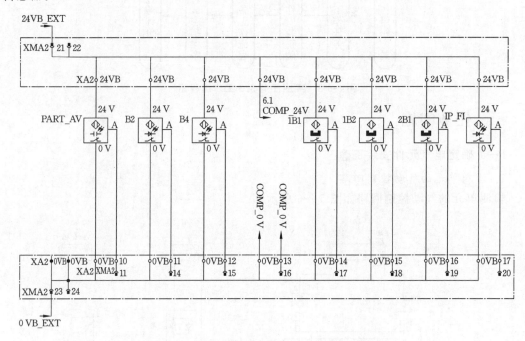

图 5-3-7　检测单元传感器与 syslink 接口接线图

2) 电磁阀与 syslink 接口接线图

电磁阀与 syslink 接口接线图如图 5-3-8 所示。从该图中可以看出，syslink 接口输出 5 个信号，分别控制 3 个电磁阀的线圈，以及一个与上一工作单元通信的发射器。

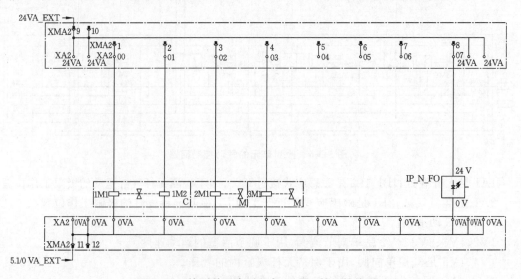

图 5-3-8　检测单元电磁阀与 syslink 接口接线图

检测单元工作台面上的传感器和电磁阀接到 syslink 接口后,再由一根多芯电缆从 syslink 接口接到 PLC。加上控制面板上的按钮和指示灯,PLC 的 I/O 口分配如表 5-3-1 所示。

表 5-3-1　任务 5.3 PLC 的 I/O 口分配表

序号	地址	文字符号	名称	作用	信号特征
1	I0.0	PART_AV	电容传感器	判断是否有工件	为 1,表示有工件; 为 0,表示没工件
2	I0.1	B2	漫射式光电传感器	判断工件的颜色	为 1,表示为非黑色工件; 为 0,表示为黑色工件
3	I0.2	B4	反射式光电传感器	工作区域是否有障碍物	为 1,表示工作区域无障碍物; 为 0,表示工作区域有障碍物
4	I0.3	B5	位移传感器	判断工件高度是否合格	为 1,表示工件高度合格; 为 0,表示工件高度不合格
5	I0.4	1B1	磁感应式接近开关	判断无杆气缸位置	为 1,表示无杆气缸上升到位
6	I0.5	1B2	磁感应式接近开关	判断无杆气缸位置	为 1,表示无杆气缸下降到位
7	I0.6	2B1	磁感应式接近开关	判断推料气缸的状态	为 1,表示推料气缸处于缩回状态
8	I0.7	IP-FI	光电传感器	判断下一站是否准备好	为 1,表示下一站已准备好
9	I1.0	START	按钮开关	启动	为 1,表示按钮被按下
10	I1.1	STOP	按钮开关	停止	为 1,表示按钮未被按下
11	I1.2	AUTO/MAN	转换开关	自动/手动	为 1,表示选择手动模式; 为 0,表示选择自动模式
12	I1.3	RESET	按钮开关	复位	为 1,表示按钮被按下
13	Q0.0	1M1	电磁阀	控制无杆气缸运动	为 1,表示无杆气缸下降
14	Q0.1	1M2	电磁阀	控制无杆气缸运动	为 1,表示无杆气缸上升
15	Q0.2	2M1	电磁阀	控制推料气缸运动	为 1,表示推料杆推出; 为 0,表示推料杆缩回
16	Q0.3	3M1	电磁阀	控制气动导轨工作	为 1,表示气动导轨工作 为 0,表示气动导轨停止
17	Q0.7	IP_N_FO	光电传感器	向上一站发送信号	为 1,表示本站忙
18	Q1.0	Start	指示灯	启动指示	为 1,灯亮;为 0,灯灭
19	Q1.1	Reset	指示灯	复位指示	为 1,灯亮;为 0,灯灭
20	Q1.2	Q1	指示灯	自定义	自定义
21	Q1.3	Q2	指示灯	自定义	自定义

3. 使用数字量仿真盒检测

检测电路连接是否正确、元器件是否安装准确的方法有很多种,Festo 公司为 MPS 设备配备了数字量仿真盒,为判断电气设备安装的正确性提供了很大的便利性。以检测单元为例,检测的步骤如表 5-3-2 所示。

表 5-3-2　使用数字量仿真盒检测检测单元电气设备安装的步骤表

步骤	操作	正确的现象	检修方案
1	数字量仿真盒接上 syslink 接口,连接 24 V 电源线,接通电源	指示灯亮	(1) 检查 220 V 电源; (2) 检查 24 V 电源
2	打开气源,调节压力调节阀,使输出气压为 5 bar	等于 5 bar	(1) 检查空压机的输出气压; (2) 检查手动阀
3	拿一个工件在电容传感器前晃动	电容传感器上的指示灯闪烁,同时 Bit0 跟随闪烁	(1) 检查电容传感器的 24 V 电源; (2) 检查电容传感器的信号输出线; (3) 检查电容传感器的调节旋钮
4	拿一个红色工件在反射式光电传感器前晃动	反射式光电传感器上的指示灯闪烁,同时 Bit1 跟随闪烁	(1) 检查反射式光电传感器的 24 V 电源; (2) 检查反射式光电传感器的信号输出线
5	拿一个黑色工件在漫射式光电传感器前晃动	漫射式光电传感器上的指示灯闪烁,同时 Bit2 跟随闪烁	(1) 检查漫射式光电传感器的 24 V 电源; (2) 检查漫射式光电传感器的信号输出线
6	用手慢慢按压位移传感器	刚开始 Bit3 灭,中间会有一段距离 Bit3 亮,再往下压 Bit3 灭	(1) 检查位移传感器的接线; (2) 分别放置合格工件和不合格工件让其测量,然后调节比较器的上下限位电位器,使测量合格工件时 Bit3 亮,测量不合格工件时 Bit3 灭
7	分别按压电磁阀 1M1 和 1M2 的手动开关	无杆气缸上升到位,Bit4 灯亮	(1) 调整上限位磁感应式接近开关的位置; (2) 检查上限位磁感应式接近开关电路
		无杆气缸下降到位,Bit5 灯亮	(1) 调整下限位磁感应式接近开关的位置; (2) 检查下限位磁感应式接近开关电路
8	按压电磁阀 2M1 的手动开关	推料气缸缩回到位,Bit6 灯亮	(1) 调整下限位磁感应式接近开关的位置; (2) 检查下限位磁感应式接近开关电路
9	分别拨动开关 Bit0 和 Bit1	Bit0 为 1,Bit1 为 0 时,无杆气缸上升	(1) 检查电磁阀的接线; (2) 检查气管的连接
		Bit0 为 0,Bit1 为 1 时,无杆气缸下降	(1) 检查电磁阀的接线; (2) 检查气管的连接
10	拨动开关 Bit2	推料气缸工作	(1) 检查电磁阀的接线; (2) 检查气管的连接
11	拨动开关 Bit3	气动导轨工作	(1) 检查电磁阀的接线; (2) 检查气管的连接

（二）明确检测单元的工作流程

在编写 PLC 程序前，必须明确检测单元的工作流程。Festo 公司在设备出厂前定义的检测单元工作流程如图 5-3-9 所示。

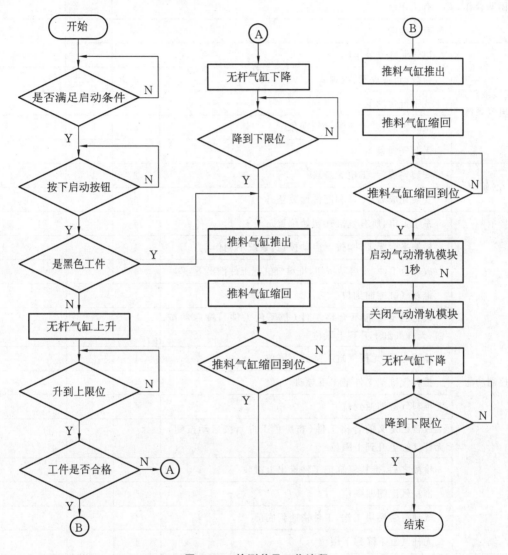

图 5-3-9　检测单元工作流程

（三）编写并调试 PLC 程序

请参照 PLC 的 I/O 口分配表，以检测单元的工作流程为依据，编写 PLC 程序，并将 PLC 程序下载至 PLC，调试 PLC 程序至成功，使得检测单元能按工作流程自动运行。

四、任务评价

完成任务后，进行任务评价，并填写表 5-3-3。

表 5-3-3　任务 5.3 评价表

项目	内容	配分	得分	备注
团队合作	实施任务过程中有讨论	3		
	有工作计划	3		
	有明确的分工	3		
安装或整理电气系统	电气元件安装牢固	3		
	布线、布管规范、美观	3		
	扎带符合规范	3		
	接线牢固,且无露铜过长现象	3		
	无漏气现象	3		
6S管理	安装完成后,工位无垃圾	2		
	安装完成后,工具和配件摆放整齐	2		
控制功能	系统上电,所有气缸在初始位置	4		
	检测平台无工件,按下启动按钮,系统不动作	4		
	放黑色工件,按启动按钮,推料气缸把工件推出下导轨	4		
	推料气缸缩回到位	4		
	放自己定义的不合格工件(非黑色工件),按启动按钮,无杆气缸上升到上限位	4		
	检测之后,无杆气缸下降到下限位	4		
	推料气缸把工件推出下导轨	4		
	推料气缸缩回到位	4		
	放自己定义的合格工件(非黑色工件),按启动按钮,无杆气缸上升到上限位	4		
	检测之后,推料气缸把工件推出上滑轨	4		
	推料气缸缩回到位	4		
	气动滑轨模块工作,工件快速到底部	4		
	无杆气缸下降到下限位	4		
安全事项	安装过程中,无损坏元器件及人身伤害现象	10		
	通电调试过程中,无短路现象	10		
总分				

请你谈一谈,在这个任务中你学会了什么技能,查阅了什么资料,整个过程中你和组员讨论最多的问题是什么?

【扩展提高】

一、填空题

(1)检测单元主要由_____、_____、_____和_____组成。

(2) 无杆气缸的上、下两端各装一个气控单向阀,气控单向阀的主要作用是在断电、断气情况下,_____,防止无杆气缸突然下落。

(3) 在程序中,可采用_____来确定气动滑轨模块的工作时间。

(4) 调节滑轨的下面_____,用以调节滑轨的排气量。

(5) 推料气缸上只用一个磁感应式接近开关来检测缩回限位,在编程中,可使用_____来保证推料气缸推出到位。

二、训练任务

请你和组员一起重新定义三种工件的合格情况,根据检测单元各模块的特性,编写 PLC 程序,并将 PLC 程序下载至 PLC,调试 PLC 程序至成功,使得检测单元能按事先定义的工作流程自动运行。

◀ 任务 5.4 制作提取单元控制系统 ▶

【任务描述】

通过学习本任务,进一步认识提取单元的硬件结构及功能,能够分析提取单元的工作过程,对前面所学知识进行综合应用,为后面的学习奠定基础。请你和组员一起,在考虑经济性、安全性的情况下完成以下工作。

(1) 检查并确定提取单元的电气接线。

(2) 编写提取单元的工作流程。

(3) 编写 PLC 程序,将 PLC 程序下载至 PLC,调试提取单元,使提取单元能按工作流程自动运行。

(4) 对调试后的系统功能进行综合评价。

【任务目标】

知识目标:

(1) 知道平行气抓手的结构和工作原理。

(2) 进一步掌握光电传感器区分工件的原理。

(3) 知道查阅工程图纸。

能力目标:

(1) 学会使用无杆气缸的定位控制。

(2) 能正确识读机械和电气工程图纸。

(3) 能制订调试的技术方案、工作计划。

(4) 能熟练编写 PLC 程序。

素质目标:

(1) 学会整理、收集安装、调试交付材料。

(2) 会编写安装、调试报告。

(3) 培养学生的团队协作能力和沟通能力。

【任务实施】

一、收集信息

提取单元(见图5-4-1)是 MPS 中的一个工作单元,根据系统功能,通常安装在中间环节。该单元的主要作用提取工件,在提取的时候对工件进行检测,然后将工件放到不同的滑槽中,或将工件直接传输到下一个工作单元。

提取单元主要由识别模块、滑槽模块、平台模块组成。

(一)识别模块

识别模块(见图5-4-2)由一个无杆气缸、一个扁平气缸、一个平行气抓手组成。

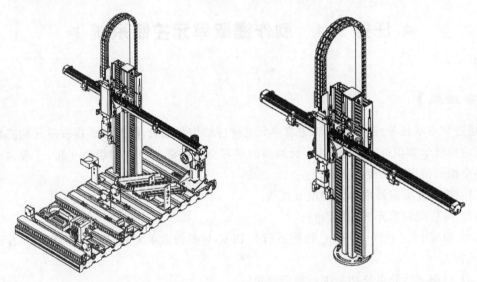

图 5-4-1 提取单元   图 5-4-2 提取单元的识别模块

识别模块具有灵活性高、行程短、轴倾斜、终端位置传感器的安排及安装位置可调的特点。上述特点保证了识别模块在不增加其他元件的情况下,可以完成一系列不同的操作任务,适用于更深层次的训练。

(二)滑槽模块

滑槽模块(见图5-4-3)用于分类存放工件。

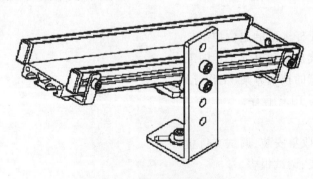

图 5-4-3 提取单元的提升模块

（三）平台模块

平台模块（见图 5-4-4）用于接收上一工作单元传送过来的工件。在它的侧面安装有一个反射式光电传感器，用以检测平台上有无工件。

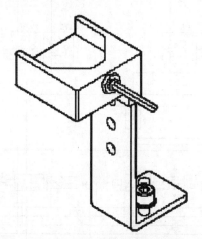

图 5-4-4　提取单元的平台模块

二、决策计划

为了顺利完成该任务，请你和组员一起按图 5-4-5 完成工作。

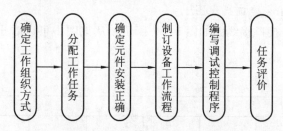

图 5-4-5　实施任务 5.4 工作流程图

三、任务实施

（一）确定电气元件安装正确

1. 提取单元的气动控制回路

提取单元的气动控制回路如图 5-4-6 所示。

1A1 是无杆气缸，2A1 是扁平气缸，3A1 是平行气抓手。

1B1、1B2、1B3 是磁感应式接近开关，用于检测无杆气缸的 3 个位置；2B1、2B2 也是磁感应式接近开关，用于检测扁平气缸伸出、缩回是否到位。

1V2、1V3、2V2、2V3 是单向节流阀，用于调节活塞的运动速度。

1V4、1V5 是气控单向阀，用于保持无杆气缸内的气压。

1V1 由 2 个两位三通电磁阀组成，用于控制无杆气缸工作；2V1 是两位五通电磁阀，用于控制扁平气缸工作；3V1 是二位五通电磁阀，用于控制平行气抓手工作。

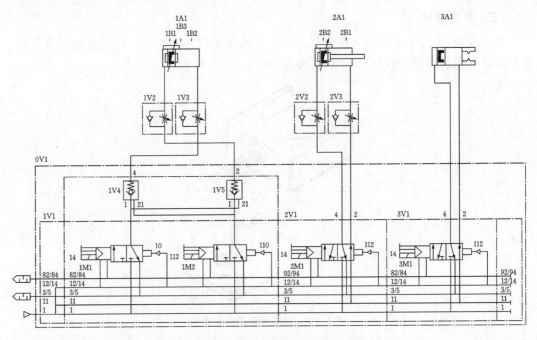

图 5-4-6　提取单元的气动控制回路

1M1、1M2、2M1、3M1 是电磁阀的线圈。

2. 提取单元电路图

1) 传感器与 syslink 接口接线图

传感器与 syslink 接口接线图如图 5-4-7 所示。从该图中可以看出，有 2 种类型共 8 个传感器。

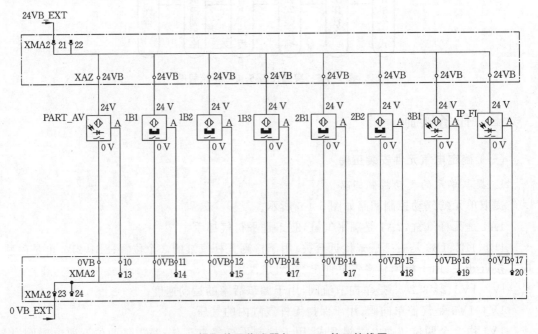

图 5-4-7　提取单元传感器与 syslink 接口接线图

2）电磁阀与 syslink 接口接线图

电磁阀与 syslink 接口接线图如图 5-4-8 所示。从该图中可以看出，syslink 接口输出有 5 个信号，分别控制 3 个电磁阀的线圈，以及一个与上一工作单元通信的发射器。

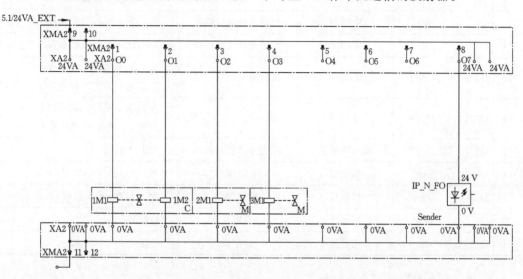

图 **5-4-8** 提取单元电磁阀与 **syslink** 接口接线图

提取单元工作台面上的传感器和电磁阀接到 syslink 接口后，再由一根多芯电缆从 syslink 接口接到 PLC。加上控制面板上的按钮和指示灯，PLC 的 I/O 口分配如表 5-4-1 所示。

表 **5-4-1** 任务 **5.4 PLC** 的 **I/O** 口分配表

序号	地址	文字符号	名称	作用	信号特征
1	I0.0	PART_AV	反射式光电传感器	判断平台是否有工件	为 1，表示有工件； 为 0，表示没工件
2	I0.1	1B1	磁感应式接近开关	判断平行气抓手的位置	为 1，表示平行气抓手在平台上方（左限位）
3	I0.2	1B2	磁感应式接近开关	判断平行气抓手的位置	为 1，表示平行气抓手在下一工作单元接工件口上方（右限位）
4	I0.3	1B3	磁感应式接近开关	判断平行气抓手的位置	为 1，表示平行气抓手在滑槽上方
5	I0.4	2B2	磁感应式接近开关	判断平行气抓手的上、下限位	为 1，表示平行气抓手在上限位
6	I0.5	2B1	磁感应式接近开关	判断平行气抓手的上、下限位	为 1，表示平行气抓手在下限位
7	I0.6	3B1	反射式光电传感器	判断工件的颜色	为 1，表示工件非黑色
8	I0.7	IP-FI	光电传感器	判断下一站是否准备好	为 1，表示下一站已准备好
9	I1.0	START	按钮开关	启动	为 1，表示按钮被按下
10	I1.1	STOP	按钮开关	停止	为 1，表示按钮未被按下
11	I1.2	AUTO/MAN	转换开关	自动/手动	为 1，选择手动模式； 为 0，选择自动模式

序号	地址	文字符号	名称	作用	信号特征
12	I1.3	RESET	按钮开关	复位	为1,表示按钮被按下
13	Q0.0	1M1	电磁阀	控制无杆气缸运动	为1,表示无杆气缸左移
14	Q0.1	1M2	电磁阀	控制无杆气缸运动	为1,表示无杆气缸右移
15	Q0.2	2M1	电磁阀	控制扁平气缸运动	为1,表示扁平气缸下降; 为0,表示扁平气缸上升
16	Q0.3	3M1	电磁阀	控制平行气抓手工作	为1,表示平行气抓手抓紧; 为0,表示平行气抓手松开
17	Q0.7	IP_N_FO	光电传感器	向上一站发送信号	为1,本站忙
18	Q1.0	Start	指示灯	启动指示	为1,灯亮;为0,灯灭
19	Q1.1	Reset	指示灯	复位指示	为1,灯亮;为0,灯灭
20	Q1.2	Q1	指示灯	自定义	自定义
21	Q1.3	Q2	指示灯	自定义	自定义

3. 使用仿真盒检测

检测电路连接是否正确、元器件是否安装准确的方法有很多种。这里使用数字量仿真盒判断电气设备安装的正确性,检测的步骤如表 5-4-2 所示。

表 5-4-2　使用数字量仿真盒检测提取单元电气设备安装的步骤表

步骤	操作	正确的现象	检修方案
1	数字量仿真盒接上 syslink 接口,连接 24 V 电源线,接通电源	指示灯亮	(1) 检查 220 V 电源; (2) 检查 24 V 电源
2	打开气源,调节压力调节阀,使输出气压为 5 bar	等于 5 bar	(1) 检查空压机的输出气压; (2) 检查手动阀
3	拿一个非黑色工件在平台上晃动	Bit0 随着闪烁	(1) 检查该传感器的 24 V 电源; (2) 检查该传感器的信号输出线
4	分别按压电磁阀 1M1 和 1M2 的手动开关	平行气抓手在平台上方(左限位)时 Bit1 灯亮	(1) 调整磁感应式接近开关的位置; (2) 检查磁感应式接近开关电路
		平行气抓手在下一工作单元接工件口上方(右限位)时 Bit2 灯亮	(1) 调整磁感应式接近开关的位置; (2) 检查磁感应式接近开关电路
		平行气抓手在滑槽上方时 Bit3 灯亮	(1) 调整磁感应式接近开关的位置; (2) 检查磁感应式接近开关电路
5	按压电磁阀 2M1 的手动开关	平行气抓手上升到位,Bit4 灯亮	(1) 调整磁感应式接近开关的位置; (2) 检查磁感应式接近开关电路
		平行气抓手下降到位,Bit5 灯亮	(1) 调整磁感应式接近开关的位置; (2) 检查磁感应式接近开关电路

续表

步骤	操作	正确的现象	检修方案
6	拿一个非黑色工件在气抓里晃动	Bit6 随着闪烁	(1) 检查该传感器的 24 V 电源； (2) 检查该传感器的信号输出线
7	分别拨动开关 Bit0 和 Bit1	Bit0 为 1，Bit1 为 0 时，无杆气缸左移	(1) 检查电磁阀的接线； (2) 检查气管的连接
		Bit0 为 0，Bit1 为 1 时，无杆气缸右移	(1) 检查电磁阀的接线； (2) 检查气管的连接
8	拨动开关 Bit2	为 0 时，平行气抓手上升； 为 1 时，平行气抓手下降	(1) 检查电磁阀的接线； (2) 检查气管的连接
9	拨动开关 Bit3	为 0 时，平行气抓手放开； 为 1 时，平行气抓手抓紧	(1) 检查电磁阀的接线； (2) 检查气管的连接

（二）明确提取单元的工作流程

在编写 PLC 程序前，必须明确提取单元的工作流程。Festo 公司在设备出厂前定义的提取单元工作流程如图 5-4-9 所示。

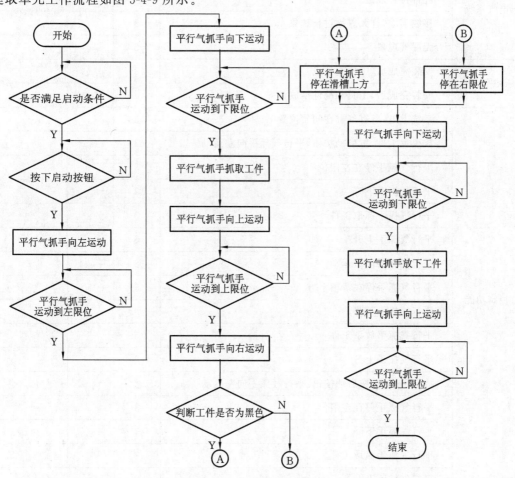

图 5-4-9　提取单元工作流程

（三）编写并调试 PLC 程序

参照 PLC 的 I/O 口分配表,以提取单元的工作流程为依据,编写 PLC 程序,并将 PLC 程序下载至 PLC,调试 PLC 程序至成功,使得提取单元能按工作流程自动运行。

四、任务评价

完成任务后,进行任务评价,并填写表 5-4-3。

表 5-4-3　任务 5.4 评价表

项目	内容	配分	得分	备注
团队合作	实施任务过程中有讨论	3		
	有工作计划	3		
	有明确的分工	3		
安装或整理电气系统	电气元件安装牢固	3		
	布线、布管规范、美观	3		
	扎带符合规范	3		
	接线牢固,且无露铜过长现象	3		
	无漏气现象	3		
6S 管理	安装完成后,工位无垃圾	3		
	安装完成后,工具和配件摆放整齐	3		
控制功能	系统上电,所有气缸在初始位置	3		
	放黑色工件,按启动按钮,平行气抓手向左运动	3		
	平行气抓手停在左限位	3		
	平行气抓手下降	3		
	平行气抓手抓取工件	3		
	平行气抓手上升	3		
	平行气抓手向右运动	3		
	平行气抓手停在滑槽上方	3		
	平行气抓手下降	3		
	平行气抓手放下工件	3		
	平行气抓手上升	3		
	放红色工件,按启动按钮,平行气抓手向左运动	3		
	平行气抓手停在左限位	3		
	平行气抓手下降	3		
	平行气抓手抓取工件	3		
	平行气抓手上升	3		

项目	内容	配分	得分	备注
控制功能	平行气抓手向右运动	3		
	平行气抓手停在下一工作单元接工件口上方	3		
	平行气抓手下降	3		
	平行气抓手放下工件	3		
	平行气抓手上升	3		
安全事项	安装过程中,无损坏元器件及人身伤害现象	3		
	通电调试过程中,无短路现象	4		
总分				

请你谈一谈,在这个任务中你学会了什么技能,查阅了什么资料,整个过程中你和组员讨论最多问题的是什么?

【扩展提高】

一、分析题

（1）请你分析,平行气抓手不工作或不抓取黑色工件是什么原因?

（2）检测单元和提取单元中的无杆气缸在结构和工作原理上有什么区别?

二、训练任务

请你和组员一起重新定义两种工件的抓取情况,根据提取单元各模块的特性,编写 PLC 程序,将 PLC 程序下载至 PLC,调试 PLC 程序至成功,使得提取单元能按事先定义的工作流程自动运行。

◀ 任务5.5 制作分拣单元控制系统 ▶

【任务描述】

通过学习本任务,进一步认识分拣单元的硬件结构及功能,能够分析分拣单元的工作过程,对前面所学知识进行综合应用,为后面的学习奠定基础。请你和组员一起,在考虑经济性、安全性的情况下完成以下工作。

（1）检查并确定分拣单元的电气接线。

（2）编写分拣单元的工作流程。

（3）编写 PLC 程序,将 PLC 程序下载至 PLC,调试分拣单元,使分拣单元能按工作流程自动运行。

（4）对调试后的系统功能进行综合评价。

【任务目标】

知识目标:

（1）知道气动分流模块的结构和工作原理。

（2）知道传送带模块的结构和工作原理。

（3）知道查阅工程图纸。

能力目标：

（1）通过学习，会使用气动分流模块。

（2）通过学习，会使用传送带模块。

（3）能制订调试的技术方案、工作计划。

（4）能熟练编写 PLC 程序。

素质目标：

（1）学会整理、收集安装、调试交付材料。

（2）能熟练编写设备安装、调试报告。

（3）培养学生的团队协作能力和沟通能力。

【任务实施】

一、收集信息

分拣单元（见图 5-5-1）一般是安装在自动化生产线上的最后一个工作单元，用于成品的分拣。进入分拣单元的工件被分别放置在 3 个不同的滑槽上。当工件被送到传送带起始位置时，制动器卡住工件，PLC 通过两个反射式光电传感器和一个电感传感器对工件的特性（黑色塑料、红色塑料、金属）进行检测。检测完成后放行工件，最后控制气动分流模块，将工件分流到不同的滑槽上。

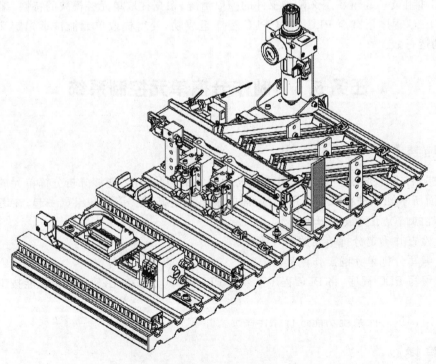

图 5-5-1　分拣单元

分拣单元主要由传送带模块、气动制动模块、气动分流模块和气动滑轨模块组成。

(一)传送带模块

传送带模块(见图 5-5-2)由一台 24 V 直流电动机驱动,可传送直径为 40 mm 的工件。

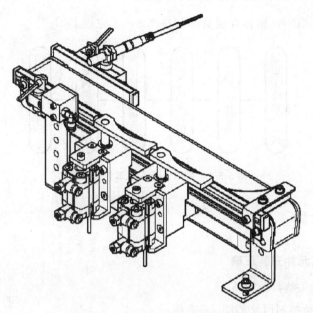

图 5-5-2 分拣单元的传送带模块

(二)气动制动模块

气动制动模块主体由一个短行程气缸组成。气动制动模块用来阻挡工件跟随传送带运动,使得传感器有足够的检测时间。

(三)气动分流模块

气动分流模块主体由一个紧凑型气缸组成。气动分流模块利用活塞的伸缩带动挡块摆动(气缸把短行程的直线运动转变成旋转运动),改变工件在传送带上的运动方向,实现分拣功能。

(四)气动滑轨模块

气动滑轨模块(见图 5-5-3)用于存储工件。由于倾斜度和高度可以调节,所以气动滑轨模块的应用范围很广泛。

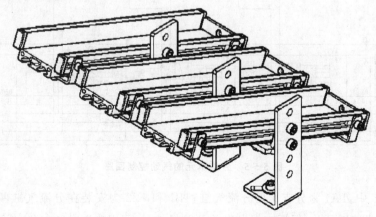

图 5-5-3 分拣单元的气动滑轨模块

二、决策计划

为了顺利完成该任务,请你和组员一起按图 5-5-4 完成工作。

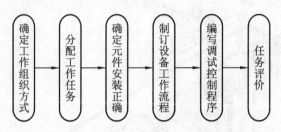

图 5-5-4　实施任务 5.5 工作流程图

三、任务实施

(一)确定电气元件安装正确

1. 分拣单元的气动控制回路

分拣单元的气动控制回路如图 5-5-5 所示。

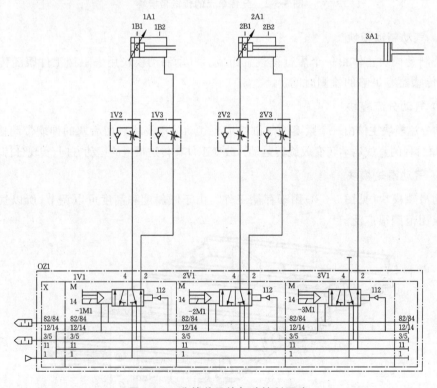

图 5-5-5　分拣单元的气动控制回路

在图 5-5-5 中,1A1 为分支 1 的分流气缸;1B1 和 1B2 为安装在分流气缸两个极限工作位置的磁感应式接近开关,根据它们发出的开关量信号,可以判断分流气缸的两个极限工作位置。

2A1 为分支 2 的分流气缸;2B1 和 2B2 为安装在分流气缸的两个极限工作位置的磁感应式接近开关,根据它们发出的开关量信号,可以判断分流气缸的两个极限工作位置。

3A1 为气动制动器。

1V2、1V3、2V2、2V3 为单向可调节流阀。

1V2、1V3、2V2、2V3 分别用于调节两个单向分流气缸的运动速度。

1M1 为控制分支 1 的分流气缸电磁阀的电磁线圈。

2M1 为控制分支 2 的分流气缸电磁阀的电磁线圈。

3M1 为控制气动制动器电磁阀的线圈。

2. 分拣单元电路图

1)传感器与 syslink 接口接线图

传感器与 syslink 接口接线图如图 5-5-6 所示。从该图中可以看出,有 3 种类型共 8 个传感器。

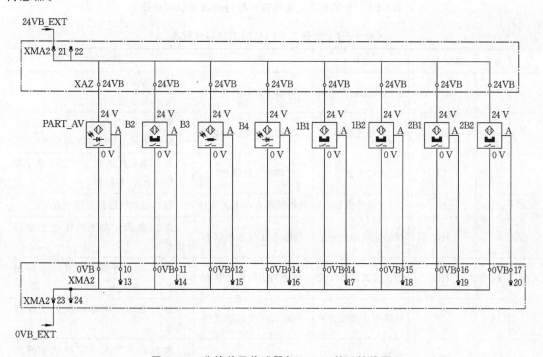

图 5-5-6 分拣单元传感器与 syslink 接口接线图

2)电磁阀与 syslink 接口接线图

电磁阀与 syslink 接口接线图如图 5-5-7 所示。从该图中可以看出,syslink 接口输出有 5 个信号,分别控制 3 个电磁阀的线圈和 1 个自流电动机,以及 1 个与上一工作单元通信的发射器。

分拣单元工作台面上的传感器和电磁阀接到 syslink 接口后,再由一根多芯电缆从 syslink 接口接到 PLC。加上控制面板上的按钮和指示灯,PLC 的 I/O 口分配如表 5-5-1 所示。

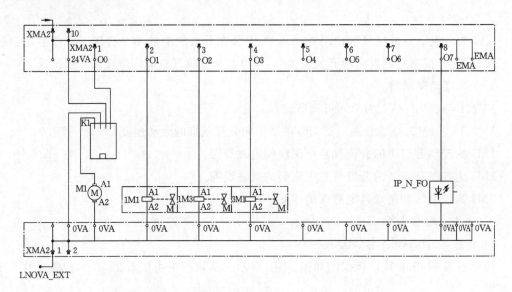

图 5-5-7　分拣单元电磁换向阀与 syslink 接口接线图

表 5-5-1　任务 5.5 PLC 的 I/O 口分配表

序号	地址	文字符号	名称	作用	信号特征
1	I0.0	PART_AV	反射式光电传感器	判断平台是否有工件	为1,表示有工件; 为0,表示没工件
2	I0.1	B2	电感传感器	判断工件是否为金属	为1,表示工件为金属工件; 为0,表示工件为非金属工件
3	I0.2	B3	光电传感器	判断工件颜色	为1,表示气抓在下一工作单元接工件口上方(右限位)
4	I0.3	B4	光电传感器	判断滑槽入口有无工件	为1,表示气抓在滑槽上方
5	I0.4	1B1	磁感应式接近开关	判断1A1气缸的状态	为1,表示分支1挡块处于缩回状态
6	I0.5	1B2	磁感应式接近开关	判断1A1气缸的状态	为1,表示分支1挡块处于伸出状态
7	I0.6	2B1	磁感应式接近开关	判断2A1气缸的状态	为1,表示分支2挡块处于缩回状态
8	I0.7	2B2	磁感应式接近开关	判断2A1气缸的状态	为1,表示分支2挡块处于伸出状态
9	I1.0	START	按钮开关	启动	为1,表示按钮被按下
10	I1.1	STOP	按钮开关	停止	为1,表示按钮未被按下
11	I1.2	AUTO/MAN	转换开关	自动/手动	为1,选择手动模式; 为0,选择自动模式
12	I1.3	RESET	按钮开关	复位	为1,表示按钮被按下
13	Q0.0	M1	直流电动机	控制传送带运行	为1,表示传送带运行; 为0,表示传送带停止

序号	地址	文字符号	名称	作用	信号特征
14	Q0.1	1M1	电磁阀	控制 1A1 气缸工作	为 1,表示 1A1 气缸挡块伸出; 为 0,表示 1A1 气缸挡块缩回
15	Q0.2	2M1	电磁阀	控制 2A1 气缸工作	为 1,表示 2A1 气缸挡块伸出; 为 0,表示 2A1 气缸挡块缩回
16	Q0.3	3M1	电磁阀	控制制动模块工作	为 1,表示制动挡块伸出; 为 0,表示制动挡块缩回
17	Q0.7	IP_N_FO	光电传感器	向上一站发送信号	为 1,表示本站忙
18	Q1.0	Start	指示灯	启动指示	为 1,灯亮;为 0,灯灭
19	Q1.1	Reset	指示灯	复位指示	为 1,灯亮;为 0,灯灭
20	Q1.2	Q1	指示灯	自定义	自定义
21	Q1.3	Q2	指示灯	自定义	自定义

3. 使用仿真盒检测

检测电路连接是否正确、元器件是否安装准确的方法有很多种。这里使用数字量仿真盒判断电气设备安装的正确性,检测的步骤如表 5-5-2 所示。

表 5-5-2　使用数字量仿真盒检测分拣单元电气设备安装的步骤表

步骤	操作	正确的现象	检修方案
1	数字量仿真盒接上 syslink 接口,连接 24 V 电源线,接通电源	指示灯亮	(1) 检查 220 V 电源; (2) 检查 24 V 电源
2	打开气源,调节压力调节阀,使输出气压为 5 bar	等于 5 bar	(1) 检查空压机的输出气压; (2) 检查手动阀
3	拿一个黑色塑料工件在传送带投工件口晃动	Bit0 随着闪烁	(1) 检查该传感器的 24 V 电源; (2) 检查该传感器的信号输出线
4	拿一个金属工件在传送带投工件口晃动	Bit1 随着闪烁	(1) 检查该传感器的 24 V 电源; (2) 检查该传感器的信号输出线
5	拿一个红色塑料工件在传送带投工件口晃动	Bit2 随着闪烁	(1) 检查该传感器的 24 V 电源; (2) 检查该传感器的信号输出线
6	任意拿一个工件在传送分支口晃动	Bit3 随着闪烁	(1) 检查该传感器的 24 V 电源; (2) 检查该传感器的信号输出线
7	按压电磁阀 1M1 的手动开关	挡块缩回到位,Bit4 灯亮	(1) 调整磁感应式接近开关的位置; (2) 检查磁感应式接近开关电路
		挡块伸出到位,Bit5 灯亮	(1) 调整磁感应式接近开关的位置; (2) 检查磁感应式接近开关电路

步骤	操作	正确的现象	检修方案
8	按压电磁阀 2M1 的手动开关	挡块缩回到位,Bit6 灯亮	(1) 调整磁感应式接近开关的位置; (2) 检查磁感应式接近开关电路
		挡块伸出到位,Bit7 灯亮	(1) 调整磁感应式接近开关的位置; (2) 检查磁感应式接近开关电路
9	拨动开关 Bit0	为 0 时,直流电动机停止; 为 1 时,直流电动机运行	(1) 检查直流电动机的接线; (2) 检查电流限制器的接线
10	拨动开关 Bit1	为 0 时,分支 1 挡块缩回; 为 1 时,分支 1 挡块伸出	(1) 检查电磁阀的接线; (2) 检查气路及调节阀
11	拨动开关 Bit2	为 0 时,分支 2 挡块缩回; 为 1 时,分支 2 挡块伸出	(1) 检查电磁阀的接线; (2) 检查气路及调节阀
12	拨动开关 Bit3	为 1 时,制动挡块缩回; 为 0 时,制动挡块伸出	(1) 检查电磁阀的接线; (2) 检查气路及调节阀

（二）明确分拣单元的工作流程

在编写 PLC 程序前,必须明确分拣单元的工作流程。Festo 公司在设备出厂前定义的分拣单元工作流程如图 5-5-8 所示。

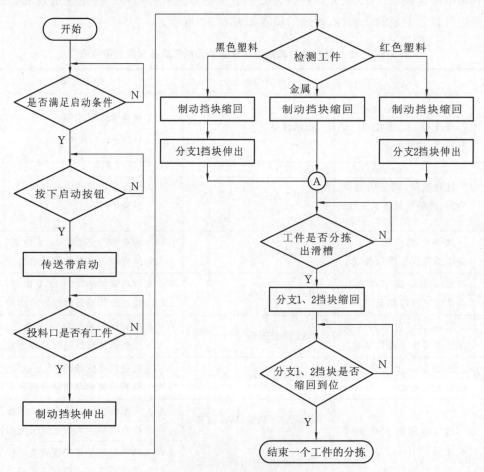

图 5-5-8　分拣单元工作流程

（三）编写并调试 PLC 程序

参照 PLC 的 I/O 口分配表，以分拣单元的工作流程为依据，编写 PLC 程序，并下载 PLC 程序至 PLC，调试 PLC 程序至成功，使得分拣单元能按工作流程自动运行。

四、任务评价

完成任务后，进行任务评价，并填写表 5-5-3。

表 5-5-3　任务 5.5 评价表

项目	内容	配分	得分	备注
团队合作	实施任务过程中有讨论	3		
	有工作计划	3		
	有明确的分工	3		
安装或整理电气系统	电气元件安装牢固	3		
	布线、布管规范、美观	3		
	扎带符合规范	3		
	接线牢固，且无露铜过长现象	3		
	无漏气现象	3		
6S 管理	安装完成后，工位无垃圾	3		
	安装完成后，工具和配件摆放整齐	3		
控制功能	系统上电，所有气缸在初始位置	3		
	按启动按钮，传送带启动	3		
	在投料区放黑色塑料工件	3		
	制动模块伸出	3		
	制动模块缩回	3		
	分支 1 挡块伸出	3		
	能自动分拣到 1 号滑槽	3		
	分支 1 挡块缩回	3		
	在投料区放红色塑料工件	3		
	制动模块伸出	3		
	制动模块缩回	3		
	分支 2 挡块伸出	3		
	能自动分拣到 2 号滑槽	3		
	分支 2 挡块缩回	3		
	在投料区放金属工件	3		
	制动模块伸出	3		
	制动模块缩回	3		
	能自动分拣到 2 号滑槽	3		
	每种工件投放 2 个，6 个工件均能按要求自动分拣	9		

续表

项目	内容	配分	得分	备注
安全事项	安装过程中,无损坏元器件及人身伤害现象	3		
	通电调试过程中,无短路现象	4		
总分				

请你谈一谈,在这个任务中你学会了什么技能,查阅了什么资料,整个过程中你和组员花费时间最多的是处理什么问题?

【扩展提高】

一、分析题

(1) 传送带反转可能是由什么原因导致的?

(2) 对于传送带打滑,你将怎么处理?

二、训练任务

请你和组员一起重新定义三种工件的分拣情况,根据分拣单元各模块的特性,编写 PLC 程序,并下载 PLC 程序至 PLC,调试 PLC 程序至成功,使得分拣单元能按事先定义的工作流程自动运行。

参考文献 CANKAOWENXIAN

［1］廖常初.S7-1200 PLC 编程及应用［M］.3 版.北京：机械工业出版社,2017.

［2］刘华波,刘丹,赵岩岭,等.西门子 S7-1200 PLC 编程与应用［M］.北京：机械工业出版社, 2019.

［3］吴繁红.西门子 S7-1200 PLC 应用技术项目教程［M］.北京：电子工业出版社,2017.

［4］向晓汉.西门子 S7-1200PLC 学习手册——基于 LAD 和 SCL 编程［M］.北京：化学工业 出版社,2018.

［5］张春芝.自动生产线组装、调试与程序设计［M］.北京：化学工业出版社,2011.

［6］刘艳春,卢玉峰.自动化生产线安装与调试［M］.北京：中国铁道出版社,2015.